一圖秒懂「快速鍵」 — 總覽 —

○：Chrome、Edge 等
○：Excel

Ctrl ＋ + / − ：插入／刪除儲存格、欄、列

Windows ＋ Shift ＋ S ：剪取與繪圖

Ctrl ＋ Shift ＋ > ：放大字型（ < 縮小字型）

Shift ＋ 滑鼠左鍵 ：選取範圍

Ctrl ＋ 拖放 ：複製到指定位置

Ctrl ＋ 滑鼠左鍵 ：在新分頁中開啟連結

記住主按鍵的意義！

Ctrl ：操作最上層的程式

Windows ：與使用中的程式無關，操作 Windows 本體

Alt ：操作最上層的按鈕

※ 因鍵盤而異

顏色說明　　藍色　和 Ctrl 一起按　　紅色　和 Shift 一起按　　綠色　和 Alt 一起按　　黃色　和 Windows 一起按　　橘色 *　和 Fn 一起按　　黑色　單按

* 用法因鍵盤而異

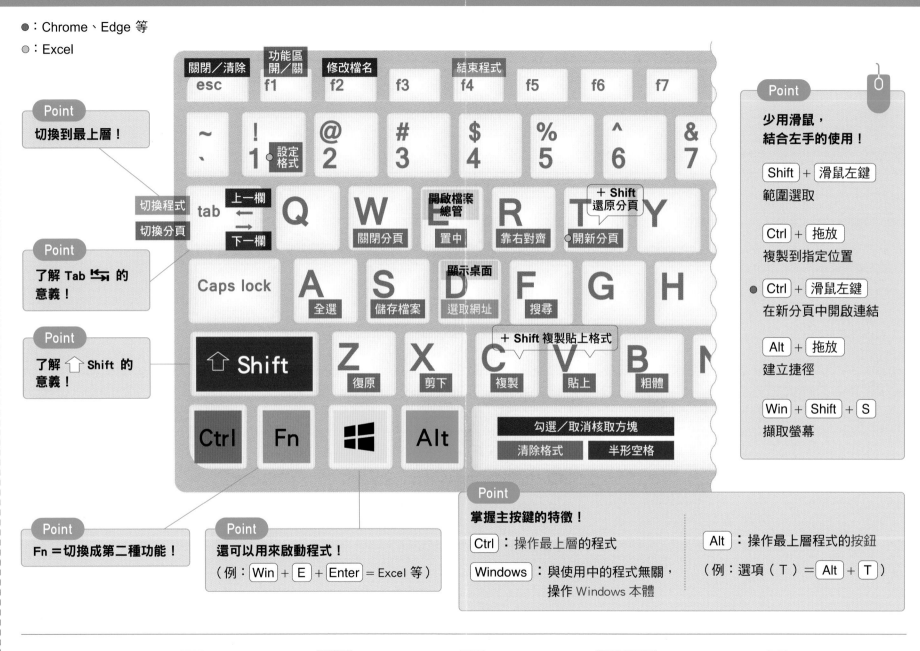

滑鼠掰！

Office365

快鍵工作術

年省 120 小時的 50 個技巧，
績效翻倍 × 時間管理 × 遠端工作 × 活用快速鍵

快速鍵、Outlook 研究家 森新　著 ／ 歐兆苓　譯

suncolor
三采文化

未來不可或缺的
「少用滑鼠」工作術

謝謝你拾起本書。這並不是單純的快速鍵總整理，也不是要建議你一味死背的書。

想要總整理的話，上網查就有了。本書是日本第一本使用「少用滑鼠」系統化步驟並統整出最短學習路徑的書籍。

我認為上班族工作方法的改革要歸功於「手指動作的改革」。這些年來，我獨自針對為這種改革帶來最大效益的「少用滑鼠」方法進行研究，為許多企業及個人提供指導，並在過程中找到了「剛起步就出師不利的人」以及「成功學到一定程度的人」之間的分歧點。

關鍵在於他們對鍵盤按鍵本身的理解。

是不是有很多人覺得分歧點應該是記得多少快速鍵呢？其實我自己在剛出社會時，也是採取死背＆填鴨式學習法，可是如今回顧當初，我不得不說自己很可惜地繞了遠路。

那麼，什麼是「對鍵盤按鍵本身的理解」呢？

最近的小型筆電大約安裝了九十個按鍵，請問你可以一一說明每個鍵的功能嗎？部分按鍵上還印著特殊記號，請問你可以向別人解釋它們代表的意思嗎？我想實際能做到的人應該不多。

但如果換成鋼琴呢？即便是鋼琴初學者，應該也能大致說明每個琴鍵的功能，因為鋼琴在學習的起步階段是從認識每一個琴鍵開始的，沒有人是

從記住組合多個琴鍵的「和音」開始學的吧！電腦也是如此。絕大多數的快速鍵都是由「按鍵與按鍵的組合」構成，先了解作為基礎的按鍵能奏出什麼音色，才可能將它們組合在一起演奏「和音＝快速鍵」。

因此，仔細學習每個按鍵的特徵和規則，才是實現「少用滑鼠」的必經過程與分歧點。其實學會「少用滑鼠」只需要兩週左右，本書集結了達成這個目標的各種技巧。成功「少用滑鼠」的好處大致有以下兩點：

①用電腦工作的生產力會獲得壓倒性的提升（省時）。

②在沒辦法放滑鼠的地方也能自在工作。

①的差異超乎想像，我在 P.20 有舉例，「少用滑鼠」前後的工作速度最少只差幾倍，最多差到二十四倍。如果把這件事情告訴幾年前還沒學會「少用滑鼠」的我，大概會覺得是在誇大其辭，然而這卻是只有已經學會的人才能切身體會的真實感受。

至於②的部分，近年來，電腦的電池效能和運算能力的提升，以及輕便化等技術革新相當進步；此外，隨著工作方法改革的必要性日益高漲，也有越來越多企業正在檢討遠端工作或居家辦公等制度的可行性。在現實當中，世界已經進化到讓我們隨時隨地都可以工作，但是在另一方面，你敢說自己的進化跟得上世界的腳步嗎？維持跟十年前一樣的電腦操作方法和技巧真的可以嗎？

企業的生產力取決於每位員工一人一秒的累積，而各位的人生生產力同樣取決於你們「如何運用這一秒」的累積。用電腦處理的業務占據了上班族大量的工作時間，讓我們一起把花在這上面的每一秒變得無愧於心吧！「少用滑鼠」是一種終身受用的技能，希望本書能幫助各位創造更多可以自由運用的時間。

少用滑鼠高效工作術
一年幫你省下 120 個小時的 50 個技巧

CONTENTS

第**3**章　先掌握「單一快速鍵」

49

第**4**章　熟悉「Ctrl」、「Windows」和「Alt」

69

第**5**章　讓工作速度倍增的「左手快速鍵」

93

第 6 章　靠「雙手快速鍵」實現「少用滑鼠」　155

＊本書介紹的內容僅適用 Windows 作業系統，操作方法和功能都與 Mac 不同，
還請特別留意。

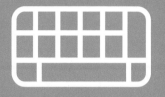

第 **1** 章

「少用滑鼠」就能讓
工作生產力大幅提高

為什麼現在要「少用滑鼠」？

「少用滑鼠的習慣」會為我們帶來更多工作方法的選擇與可支配的時間

雖然很突然，但我想從智慧型手機開始說起。

智慧型手機很方便，為什麼我們會這麼認為呢？其中一個原因，是因為它即使沒有其他周邊設備也能直接使用。因為不用滑鼠也不用鍵盤，只要一機在手就可以打字、操作，所以隨時隨地都可以用——這就是智慧型手機的優點。

而電腦，小巧輕薄化的筆記型電腦也讓我們更容易利用短暫的空檔工作。看來我們似乎可以說，筆記型電腦變得越來越像智慧型手機了。

當電腦正像這樣不斷進化時，我們用電腦的方法有跟著進步或改善嗎？很可惜，應該還是有很多人維持著老方法！為了將越做越小的筆記型電腦的優點發揮到極致，使用者必須在某個時間點提升自己的能力，變得即使沒有周邊設備也可以操作電腦。

隨著遠端工作的普及與 IT 技術的提升，我們的環境正在朝「隨時隨地都可以工作」的方向發展，就發揮工作方法多樣性的意義上來說，具備「不用滑鼠也能隨時隨地操作電腦」的選項變得比過去更重要了。

我們也不能錯過利用「少用滑鼠」來減少電腦的操作時間以縮短工時的機會。養成不用滑鼠的習慣，你會擁有更多工作方法的選擇以及可支配的時間。

我自己透過本書中的技巧將每天點擊滑鼠的次數從五千次減少到一千次，假設點擊一次需要花○‧五秒，這樣換算下來，每年省下來的時間保守估計也有一百二十個小時。

　　我也問了很多參加講座的學員，雖然當然要視對方的工作內容而定，不過平均每年省下來的時間還是有一百二十個小時左右。

　　接下來，我將逐步說明讓手離開滑鼠的方法，當然不可能從明天開始就不再需要滑鼠。本書將會階段性地減少對滑鼠的依賴（「減滑鼠」），並以實現「不用滑鼠」作為最終目標。

　　此外，操作部分應用程式（以下簡稱「程式」）時，滑鼠會比鍵盤來得更方便快速，這類程式的目標就不是不用滑鼠，而是減滑鼠。

死背法和齊頭式
學習缺乏效率

前所未有的「配合個人程度」的系統化學習法

「為了縮短用電腦工作的時間，我要把快速鍵背起來。」

所有這麼下定決心的人，不是抱著類似《快速鍵大全》這種標題的書猛讀，就是參考〈十個必背快速鍵〉之類的網路文章學習，而且越認真的人越會拚命去背。

然而快速鍵並不是每個人都要用背的。即使能毫不費力地操作智慧型手機，對於不擅長用鍵盤，以及雖然習慣鍵盤，但是只會兩、三種快速鍵，整體工作速度快不起來的人來說，不但該學的不一樣，學習方法也不盡相同。

比方說，我們試著用複製和貼上的快速鍵來想想看：複製（Copy）是〔Ctrl〕＋〔C〕，貼上（Paste）是〔Ctrl〕＋〔V〕，兩種都只需要用到左手，右手可以繼續留在滑鼠上，因此不只習慣鍵盤的人，對還不熟悉鍵盤的人來說也很簡單，再加上他們的使用頻率很高，所以適合在比較早的學習階段先記起來。

可是，如果貼上的快速鍵是「Paste」的字首「P」呢？要是貼上變成〔Ctrl〕＋〔P〕，〔P〕得用右手來按，因為需要雙手並用，難易度會大幅提高。假如貼上的快速鍵是〔Ctrl〕＋〔P〕，已經在某種程度上脫離滑鼠、讓雙手常駐在鍵盤的人應該會覺得很輕鬆。但相較之下，對左手在鍵盤上、右手還抓著滑鼠的人而言，就算要他們從常用的複製＆貼上開始學起，也會因為不容易操作導致學習難有成效，甚至可能會因此早早放棄。

為了避免這種情況，快速鍵的學習應該配合每個人的技巧和程度來進行。為了減少對滑鼠的依賴，**實現「少用滑鼠」，配合個人程度的學習既是必要的，也是最快的捷徑。**

　　儘管將快速鍵分門別類的書籍和網站林林總總，也有很多人希望用快速鍵提高工作效率，然而實際能運用自如的人卻少之又少，這全是因為過去**沒有考慮到學習者程度的系統化學習法。**

　　學習快速鍵不要囫圇吞棗，而是要思考「這個鍵的意義是什麼？」「什麼時候會用到？」「有沒有類似的組合？」等問題，同時有系統地累積知識，從比較好按的鍵開始操作，應該就能以更輕鬆的方式學會快速鍵。

兩週內達成「減滑鼠」 80% 的學習計畫

實現「少用滑鼠」的五個步驟

在說明按鍵之前，我要先解釋從「減滑鼠」到「少用滑鼠」的各個步驟。**本書要介紹的不是死背，而是從鍵盤開始階段性理解與學習的方法。**

本書將實現少用滑鼠的過程分成以下五個步驟：

Step 1　掌握訣竅

了解從減滑鼠到少用滑鼠的基本規則以及按鍵本身的功能。

Step 2　記住單一快速鍵

記住只有一個鍵的快速鍵。複製的〔Ctrl〕＋〔C〕會用到〔Ctrl〕和〔C〕這兩個鍵；相較之下，〔F12〕只要一個鍵就能開啟「另存新檔」的視窗（主要是 Excel、Word 等 Office 軟體），這種只需要一個按鍵就能操作的即為「單一快速鍵」。

Step 3　理解每個主按鍵的用法

　　說到快速鍵，譬如複製的〔Ctrl〕+〔C〕，大家應該會想到〔Ctrl〕搭配其他按鍵的組合，或是用〔Alt〕、〔Windows〕搭配其他按鍵，這種組合鍵的確是快速鍵的精隨。**搭配其他按鍵使用的〔Ctrl〕、〔Shift〕、〔Windows〕和〔Alt〕，在本書被稱為「主按鍵」**，只要在這個步驟搞懂它們的特徵，就可以了解每個組合鍵的意義。

Step 4　記住只用左手的快速鍵

　　我們先從只用左手的快速鍵開始操作，右手可以繼續放在滑鼠上沒關係。到這裡為止都屬於「減滑鼠」。我在後面會詳細說明，有時減滑鼠會比少用滑鼠更容易操作某些程式，就這個部分來說，學到這邊就已經算是達成目標（提高生產力＆節省時間）了。

Step 5　記住雙手並用的快速鍵

　　在這個階段，我們要讓右手離開滑鼠，把兩隻手都放在鍵盤上進行操作。這是「少用滑鼠」的最後一個步驟。

　　看書或上網學快速鍵的人往往是從前述的 Step 4 或 Step 5 開始學，然後因為學不起來半途而廢，這就是以前學習快速鍵會遇到的情況。

　　然而本書對 Step 1 提到的「訣竅」極為重視，**只要理解每個按鍵的功能，就算不靠死背也能加以靈活運用。**

比方說，你是不是明明不曉得〔Shift〕的功能，卻死背「〔Shift〕＋〔→〕＝向右擴大選取範圍」？又或是還搞不清楚〔Fn〕的位置，就想記住「〔Fn〕＋〔↑〕＝往上滾動捲軸」？

接下來要說明的並不是單純的死背，而是如何記住〔Shift〕和〔Fn〕按鍵功能的方法，這樣就算不記得〔Shift〕＋〔→〕，腦袋也會想到「應該可以按〔Shift〕＋〔→〕往右選取」。

〔Fn〕也一樣，只要知道它在鍵盤上的位置和功能，即使不死背也可以看出哪些鍵應該要一起按。

另外，我還會介紹快速鍵的構造和由來。英文單字可以透過了解由來增加背單字的效率，而**快速鍵也是同樣的道理，由來和加深記憶的小訣竅會讓快速鍵變得更好記、更難忘。**

Step 2 的單一快速鍵要介紹可以單獨操作的按鍵，這個步驟著重在打好基礎，好讓你可以用鍵盤操作到底，不必在中途換回滑鼠。

以勾選核取方塊為例，有些人雖然可以用鍵盤開啟設定視窗，卻還是要用滑鼠在方塊中打勾，使快速鍵操作的效果大打折扣。為了避免這種情況，我也會介紹在不同快速鍵之間擔任銜接功能的按鍵。

Step 3 的主按鍵用法除了〔Ctrl〕和〔Shift〕之外，還會針對相較於前兩者，大家比較不熟悉的〔Alt〕進行詳細解說。

到了 Step 4 才總算要進入一般聽到快速鍵會聯想到的按鍵操作。首先要記住只用左手的鍵，這個階段可以繼續讓右手握住滑鼠，將一部分原本用滑鼠執

行的操作轉移到左手，以「右手滑鼠，左手鍵盤」的方式操作電腦，這樣工作速度會變成純滑鼠操作的兩倍以上。

而 Step 5 則是以雙手都放在鍵盤上的「少用滑鼠」為目標。大家要發揮前面累積的關於單一快速鍵、主按鍵的知識以及左手快速鍵，試著只用鍵盤完成各種操作。

說到這裡，應該會有人想知道學會這五個步驟需要多久。以目標來說，Step 1～Step 3 要三天、Step 4 的左手快速鍵要五天，Step 5 的雙手快速鍵要六天，總共是十四天。本書的目標是要讓大家在兩週內把快速鍵用得爐火純青。

不過，我想請大家先有一個心理準備：就算按照本書的說明學習，減滑鼠和少用滑鼠的過程也絕不輕鬆。尤其在起步階段，不能用滑鼠可能會讓你備感挫折，或因為覺得工作速度變慢而痛苦不堪。

正因如此，我才訂了十四天這個目標，透過將學習內容拆解成五個步驟，讓大家在看得到目標的情況下保持專注。請你們想像著兩週後可以不用滑鼠操作電腦、成功縮短工作時間的自己學習吧！

少用滑鼠可以實現什麼？

速度最多相差二十四倍的操作

我在前面介紹了從減滑鼠到少用滑鼠的五個步驟，你覺得實現少用滑鼠之後跟只用滑鼠相比，操作時間會差多少呢？

經過各種實驗以後，我要介紹最能感受到效果的方法，請大家在開始學習前先做一次，然後在兩週後再做一次，這樣應該就能實際體會少用滑鼠省下了多少時間。

這個方法是用 Excel 製作圖 1-1 的九九乘法表，請你計時從建立空白工作表到完成九九乘法表總共花了多少時間。

圖 1-1　用 Excel 製作九九乘法表

	A	B	C	D	E	F	G	H	I	J
1		1	2	3	4	5	6	7	8	9
2	1	1	2	3	4	5	6	7	8	9
3	2	2	4	6	8	10	12	14	16	18
4	3	3	6	9	12	15	18	21	24	27
5	4	4	8	12	16	20	24	28	32	36
6	5	5	10	15	20	25	30	35	40	45
7	6	6	12	18	24	30	36	42	48	54
8	7	7	14	21	28	35	42	49	42	63
9	8	8	16	24	32	40	48	56	64	72
10	9	9	18	27	36	45	54	63	75	81

我在講座等場合實驗過上百次，但結果卻不可思議地一致——最快的人花了三十秒，最慢的人花了七百二十秒（十二分鐘），意即**最快的人完成九九乘法表的速度是最慢的人的 24 倍。**我觀察了他們製作九九乘法表的過程，速度快的人一律以鍵盤操作，而速度慢的人基本上都用滑鼠。

你花了多久呢？計時製作九九乘法表的時間可以知道自己目前的程度，以及在學習快速鍵之後省下了多少時間。在工作上會用到 Excel 的人，請你善用本書中的各種技巧，以可以用三十秒完成九九乘法表的程度為目標吧！

時而善用滑鼠

鍵盤和滑鼠的使用該怎麼分?

　　我前面說經過減滑鼠再到少用滑鼠的過程會提高生產力,但事實上,有些程式用滑鼠操作可以更快、更輕鬆,這些程式包含 Google Chrome(以下簡稱「Chrome」)、Microsoft Edge(以下簡稱「Edge」)、Internet Explorer(以下簡稱「IE」)等網路瀏覽器,以及 PowerPoint 這類的簡報編輯軟體。

　　以瀏覽器開啟的網頁為例,連結到其他頁面的文字、按鈕或圖片,在網頁上散布各處,如果用鍵盤選取,操作的次數和時間都會增加,因此用滑鼠點擊反而更加省時。

　　而製作 PowerPoint 投影片也是同樣的道理,用鍵盤實在很難移動圖片、圖表或表格。

　　針對這些程式,我們的目標是「減滑鼠」,透過用左手操作按鍵,降低對滑鼠的過度依賴,同時以右手使用滑鼠。

　　反之,適合「少用滑鼠」的則有 Windows 的所有操作、在檔案總管的操作、Outlook 等電子郵件軟體,以及 Excel 和 Word 等等。

　　當然,程式裡也有分成用滑鼠比較簡單、用鍵盤比較快的操作,必須根據目的適時切換。而工作地點也會影響到該用鍵盤還是滑鼠的判斷,如果是在電車或飛機上等空間有限的地方,優先用鍵盤操作會比較有效率。

第 **2** 章

實現「少用滑鼠」的
四個訣竅

減滑鼠的重點在這裡！

少用滑鼠的四個訣竅

從減滑鼠到少用滑鼠的訣竅——即核心重點有四點：

Point 1　理解按鍵記號的意義

Point 2　理解鍵盤的構造

Point 3　理解按鍵的功能

Point 4　用英文單字的字首和印象理解按鍵

本章將具體說明這四個訣竅。

Point 1
理解按鍵記號的意義

〔Shift〕和〔Tab〕上有箭頭記號

請你觀察附錄〈一圖秒懂快速鍵〉上的〔Shift〕，應該會發現有一個往上的箭頭，雖然有些外國製的鍵盤沒有，但絕大多數應該都有這個記號。我們總是對〔Shift〕的使用習以為常，可是既然印有記號，就一定是有意義的。你覺得這個箭頭到底代表什麼意思呢？作為提示，請你試著操作以下步驟：

- 開啟 Word 或記事本等可以打字的程式。
- 輸入「＝」（等號）。
- 輸入「＋」（加號）。

請注意符號要用半形模式輸入，不要用全形切換或數字鍵盤。

大部分的人應該都順利完成了。「＝」在半形模式下可以直接輸入，而輸入「＋」也是用同一個鍵，只是要搭配〔Shift〕，大多數人應該都會下意識用左手來按。由此可見，「＋」和「＝」都是用同一個按鍵輸入，仔細看會發現這個按鍵的上面是「＋」，下面是「＝」，輸入「＋」要和印有上箭頭的〔Shift〕一起按。

當按鍵上的標示像「＋」和「＝」一樣分成上下兩層時，輸入上層（二樓）的符號要用到〔Shift〕，這就是〔Shift〕上箭頭所代表的意思。這個記號大有幫助，請務必記起來。

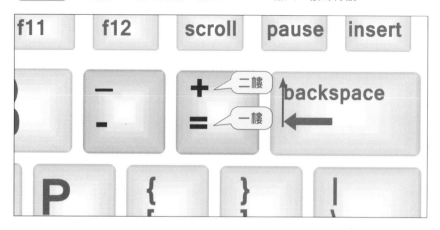

圖 2-1　直接輸入一樓的符號，加上〔Shift〕輸入二樓的符號

　　另外還有一個印著記號的按鍵——〔Tab〕。〔Tab〕鍵的上下兩層分別是左箭頭及右箭頭（部分鍵盤除外），請你也用一樓是右箭頭，二樓是左箭頭來想想看。

　　關於這些記號的功能，我將用 Excel 的例子進行說明。請你打開 Excel 的工作表，隨便選一個儲存格按〔Tab〕。

圖 2-2　〔Tab〕也有一、二樓之分

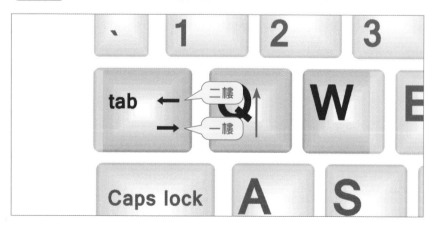

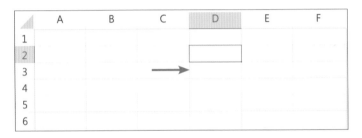

圖 2-3 選擇「C2」儲存格按〔Tab〕

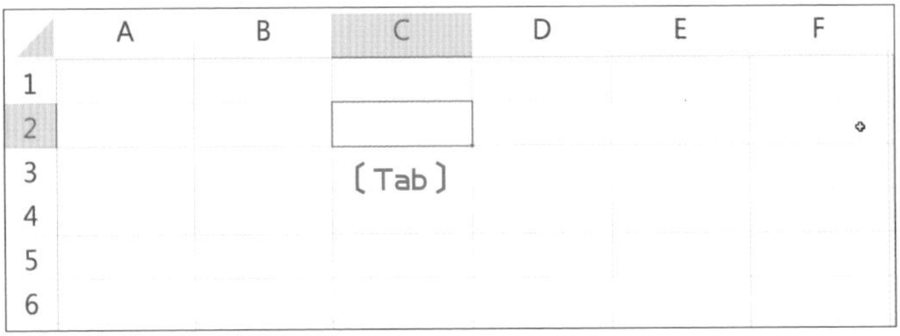

圖 2-4 選取框移動到右邊的「D2」

因為只有按〔Tab〕鍵，所以使用的是一樓的功能。按下〔Tab〕以後，選取框（選取儲存格的方框）會如一樓的記號所示往右移動。圖 2-4 中的選取框從 C2 移到了 D2，這就是右箭頭的功能。

二樓的記號必須搭配〔Shift〕，也就是要利用〔Shift〕上箭頭的功能。在 Excel 按〔Shift〕＋〔Tab〕，選取框會往左移動。

儘管〔Tab〕的移動方式在每個程式裡略微不同，但你只要記得它會讓選取框或游標往順時針方向移動，而〔Shift〕＋〔Tab〕則是往逆時針方向移動即可。

我們實際來看看游標的動作。請建立一封新郵件，用滑鼠左鍵點擊本文欄置入游標，在這個狀態下按〔Shift〕＋〔Tab〕，游標就會隨著按壓的次數依「主旨」→「密件副本」（有顯示的話）→「副本」→「收件者」的順序逐項移動（圖 2-5 以 Outlook 為例）。

圖 2-5 每按一次〔Shift〕＋〔Tab〕，游標就會逐項移動

　　如果繼續按〔Shift〕＋〔Tab〕，游標會再移動到〔密件副本〕（有顯示的話）→〔副本〕→〔收件者〕→〔傳送〕。雖然在「副本」的地方一度往下，但應該可以看出整體是往逆時針的方向在移動。

　　也就是說，〔Tab〕會讓游標或選取框按照程式內建的順序移動，〔Shift〕＋〔Tab〕則是往反方向移動。我在這邊以郵件的視窗為例，而其他多數程式也都有同樣的規則性。

在 Excel 使用〔Ctrl〕＋〔；〕和〔Ctrl〕＋〔＋〕

從按鍵給人的印象進行聯想

在這裡，讓我們稍微複習一下。請打開 Excel 的工作表，將輸入法切換成英文或**日文的半形英數字模式**，在任意儲存格上按〔Ctrl〕＋〔；〕，接著移動到另一個儲存格按〔Ctrl〕＋〔＋〕。這兩個快速鍵分別有著不同的功能。

第一個〔Ctrl〕＋〔；〕是輸入當天日期的快速鍵，如果儲存格出現日期就代表成功了。

〔Ctrl〕＋〔；〕

⬇

 圖 2-6 出現日期

	A	B	C	D	E	F	G	H	I	J
1										
2		2019/12/8								
3										
4										
5										
6										
7										
8										
9										
10										
11										
12										
13										
14										

第二個〔Ctrl〕＋〔＋〕是開啟「插入」視窗的快速鍵。

〔Ctrl〕＋〔＋〕

圖 2-7 出現「插入」視窗

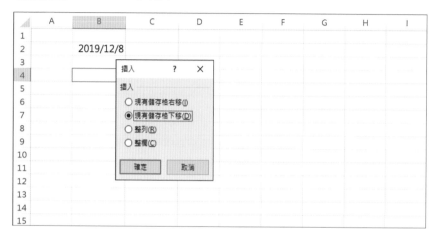

你順利打開了嗎？講座上大概有一半的人卡在這裡。

在絕大多數的鍵盤，「＋」會出現在「＝」的二樓。我們再複習一次，輸入二樓的符號須搭配〔Shift〕。「請按〔Ctrl〕＋〔＋〕」這句話雖然聽起來只有兩個鍵，但其實必須再加上〔Shift〕。〔Ctrl〕＋〔＋〕實際上是〔Ctrl〕＋〔Shift〕＋〔＝〕三個鍵。

可能有人會想：「既然如此，一開始就說清楚是〔Ctrl〕＋〔Shift〕＋〔＝〕不就好了嗎？」然而**這裡的重點在於好不好記與按鍵的意義。**

在 Excel 使用這個快速鍵會出現「插入」視窗，請問〔Ctrl〕＋〔＋〕和〔Ctrl〕＋〔Shift〕＋〔＝〕，哪一種比較容易聯想到「插入」呢？因為是要增加新的儲存格，所以〔＋〕不但比較好記，忘記時也比較容易想起來。

只要掌握鍵盤的構造，「使用按鍵二樓的功能要按〔Shift〕」，就不需要用〔Ctrl〕＋〔Shift〕＋〔＝〕來記住〔Ctrl〕＋〔＋〕，可以用更符合印象的按鍵進行操作。以上就是「Point 4」的其中一例。

而且〔Ctrl〕＋〔＋〕還可以用在 Chrome 等網路瀏覽器，這時它的功能是放大比例，因為同樣符合〔＋〕給人的印象，所以要記起來很簡單。記住〔Ctrl〕＋〔＋〕會比較容易應用在其他地方。

圖 2-8 正常開啟網頁（縮放比率：**100％**）

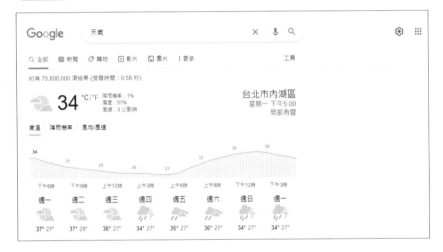

〔Ctrl〕＋〔＋〕

圖 2-9 縮放比率變成 **125%** 了

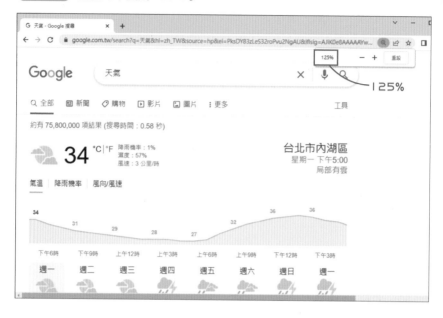

　　以上這些例子應該可以讓你了解不採取以程式為起點的死背型學習，而是以鍵盤為基礎的理解型學習的優點。

練習②

在 Excel 刪除列或欄

推測執行操作的按鍵

我們在上一節討論了「印象」的重要性，在〔Ctrl〕+〔+〕的操作裡，你應該有感受到把插入和〔+〕的形象重合會比較好記了！

接下來，我要請你發揮想像力，根據前面學過的內容，推測出在 Excel 刪除列或欄的快速鍵。

按〔+〕會出現「插入」視窗，對吧？刪除和插入相反，所以要按與〔+〕相反的〔-〕，你想到了嗎？

〔Ctrl〕+〔-〕

圖 2-10 出現「刪除」的視窗

在 Excel 按〔Ctrl〕＋〔－〕會出現「刪除」的視窗，可以選擇要刪除儲存格、整列或整欄；而同樣的鍵用在 Chrome 等瀏覽器則是縮小比率的功能。只要像這樣從印象推測，便能擴大鍵盤操作的範圍。

話說回來，有些人可能會覺得前面介紹的〔Ctrl〕＋〔＋〕應該要用「Insert」（插入）的字首〔I〕才對。

不過〔I〕同時也是「Italic」（斜體）的字首，〔Ctrl〕＋〔I〕是設定／解除斜體的快速鍵，無法用於插入，所以才用與插入印象相符的〔＋〕。由此可見，執行操作的按鍵有時候是根據印象來制定的。

Point 2
理解鍵盤的構造

〔Fn〕與其他按鍵的組合

我在第二章第一單元〈少用滑鼠的重點在這裡〉將「理解鍵盤的構造」列為第二點。〔Fn〕是在鍵盤上構造差異最大的鍵，它的位置和標記都會因廠牌而有所不同。

在一般的配置當中，〔Fn〕會在〔Ctrl〕的右邊或左邊，主要分成兩種類型（也有例外）。第一種是有顏色的〔Fn〕鍵，例如藍色、灰色、橘色等等，每個廠牌的顏色都不一樣。

另一種是在〔Fn〕的文字外面多加一個方型的框。另外還有文字是斜體的，或是和其他按鍵一模一樣，沒有任何特徵的類型。

本書在說明〔Fn〕的用法時將以有顏色和有方框的案件為例，以下內容請你配合目前使用的鍵盤自行代換。

許多筆記型電腦的方向鍵上還同時印著「PgUp」（Page Up）、「PgDn」（Page Down）、「Home」、「End」等文字，這代表上、下、左、右是第一個功能，「PgUp」、「PgDn」、「Home」和「End」是第二個功能。

功能的區分取決於有沒有搭配〔Fn〕。只按方向鍵是第一個功能的上、下、左、右，搭配〔Fn〕則是第二個功能的「PgUp」、「PgDn」等等。

圖 2-11 搭配〔Fn〕的按鍵設計

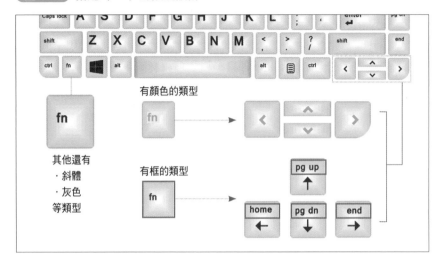

如圖 2-11，第二個功能的標示會對應到〔Fn〕，如果「Fn」是藍色，那「PgUp」也會是藍色；如果「Fn」有框，那「PgUp」也會有框。

另外還有其他按鍵也需要跟「Fn」一起使用。請你看到鍵盤上方的〔F1〕到〔F12〕，雖然同樣會因鍵盤而異，不過大多都印有跟「Fn」同色或有框的圖示，在絕大多數的情況，「F1」是第一種功能，圖示是第二種功能，而搭配〔Fn〕可以叫出第二種功能。舉例來說，假設按鍵上有喇叭和「▲」的符號，同時按住〔Fn〕和這個按鍵，喇叭的音量會變大。

圖 2-12 和〔Fn〕一起按會啟動功能②

搭配〔Fn〕的按鍵因為印有「PgUp」等文字或圖示，只要理解鍵盤構造，每個人都能立刻上手。

　　不過這個構造還真是複雜，為什麼會變成這樣呢？原因和電腦尺寸越來越小有關。隨著桌上型電腦變成筆記型電腦，而且尺寸還越做越小之後，以前在方向鍵上面的〔PgUp〕和〔Home〕等不見了，它們的職責被分配給剩下的按鍵，變成第二種功能，並搭配〔Fn〕進行切換。製造商藉由這樣的巧思，把鍵盤做得越來越小。

圖 2-13 　給予一個按鍵兩種功能，讓鍵盤也變小了

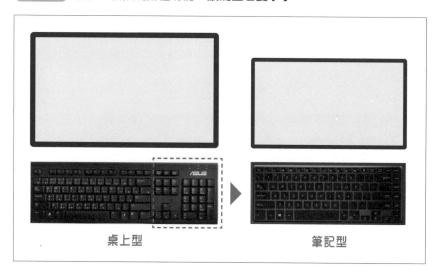

桌上型　　　　　　　　　　　　　筆記型

　　儘管乍看之下非常複雜，但只要理解鍵盤的構造，就能將按鍵的兩種功能活用自如。

Point 3
理解按鍵的功能

6
SECTION

高手才知道的六個重要按鍵

鍵盤上有六個平常很少用到、但其實很重要的鍵,具體來說,這六個鍵分別是〔Esc〕、〔選單鍵〕、〔PgUp〕、〔PgDn〕、〔Home〕和〔End〕,本節將介紹它們的功能。

圖 2-14 **確認這六個鍵的位置**

---

1 〔Esc〕

這個鍵在鍵盤的左上角。補充說明一點,鍵盤的四個角落配置了非常重要的按鍵,在大多數的情況,左上角是〔Esc〕,右上角是〔Delete〕,右下角是方向鍵,左下角是〔Ctrl〕或〔Fn〕。

你們有正確使用重要按鍵之一的〔Esc〕嗎？如果單就參加過講座的學員來看，善用這個鍵的人似乎少之又少。

〔Esc〕的其中一個功能是關閉程式裡的設定視窗或對話方塊。我們實際試試看吧！

請開啟 Excel，按〔Ctrl〕＋〔H〕，畫面上會出現「尋找及取代」視窗的「取代」索引標籤。比方說，想關掉這個視窗時，應該有不少人會把手移到滑鼠，點擊右上角的〔×〕，但其實只要按〔Esc〕就可以了。許多程式和 Windows 都適用這個操作。

〔Ctrl〕＋〔H〕

圖 2-15 開啟「尋找及取代」視窗

〔Esc〕

圖 2-16 「尋找及取代」視窗被關掉了

	A	B	C	D	E	F	G	H	I	J	K
1											
2											
3											
4											
5											
6											
7											
8											
9											
10											

例如按下有 Windows 標誌的〔**Windows**〕鍵會開啟開始功能表，關掉這個也可以按〔**Esc**〕。

另一方面，〔Esc〕無法關閉程式本體，因為它被設計成只能關掉彈出的視窗，所以不用擔心會因為誤觸而關閉程式。

除此之外，〔**Esc**〕也能在取消輸入或選字中的文字時派上用場。

圖 2-17 〔**Esc**〕是「關閉」鍵

2〔選單鍵〕

這個按鍵上沒有印名字,所以我想先從它是個什麼樣的鍵開始說起。

圖 2-18 點擊滑鼠右鍵也可以「一鍵」搞定

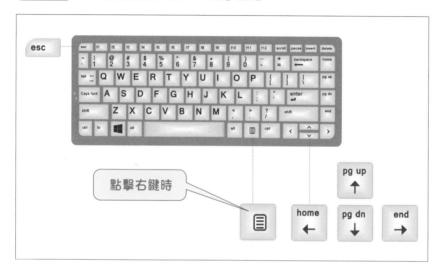

　　如圖 2-18,〔選單鍵〕在多數鍵盤都位於右下角。但是根據鍵盤種類,有些則是不設〔選單鍵〕或是要用〔**Fn**〕搭配其他鍵(大部分是右邊的〔**Ctrl**〕)來使用它的功能。

　　說到〔**選單鍵**〕的功能,它可以做到點擊滑鼠右鍵一樣的事。我在後面還會詳細說明,在這裡,請先記得當你想點擊滑鼠右鍵的時候可以用它就好。

 〔選單鍵〕

圖 2-19 開啟右鍵選單

3〔PgUp〕(Page Up)

在初始設定下按〔PgUp〕，顯示範圍會上移（捲動）大約一個畫面的高度。

〔PgUp〕和接下來要說明的〔PgDn〕有時會變成方向鍵的第二種功能（需要同時按「Fn」），請仔細注意按鍵的按法。

4〔PgDn〕(Page Down)

這個按鍵會讓頁面顯示範圍下移，在初始設定下，每按一次大概會下移一個畫面。

圖 2-20 仔細看畫面最下面的搜尋結果標題

〔PgDn〕

圖 2-21 原本在下面的標題移動到最上面了

5〔Home〕

這個鍵和下一個要介紹的〔End〕有時也需要搭配〔Fn〕鍵一起使用。

按下〔Home〕，在 Chrome 或 Edge 會移動到網頁的最上面；在 PowerPoint 的「投影片瀏覽」或「標準模式」選取投影片的縮圖，按下去會回到第一張投影片；**在 Excel 或 Word 則會移動到該列（行）的最前面。**

6〔End〕

　這個鍵會移動到網頁底端，或是移動到 PowerPoint 的最後一張投影片縮圖。可以把它跟〔Home〕一起記起來。在 Word 按〔End〕，游標會移動到該行的最後面。

Point 4
用英文單字的字首
和印象理解案件

不常用但希望你能稍微有點概念的鍵

　　有一些鍵我們平常幾乎沒機會用，儘管大家可能覺得既然用不到就不需要記，然而為了降低出錯的風險或拖垮效率，對本節要介紹的鍵稍微有點概念會比較好。這四個鍵分別是：

- ・〔Insert〕
- ・〔PrtSc〕
- ・〔ScrLk〕
- ・〔Caps Lock〕

1 〔Insert〕

　　按下〔Insert〕會切換成覆蓋模式，這個動作會讓我們想在字句中間插入其他文字時遇到問題。舉例來說，如果要把「少用滑鼠的步驟」改成「少用滑鼠的五個步驟」，一般會把游標移到「的」後面輸入「五個」。要是這時開啟了覆蓋模式，原本的「步驟」二字會被後來輸入的「五個」取代，使得整句話變成「少用滑鼠的五個」。這應該是很多人都有過的經驗吧？

圖 2-22 將游標置於「的」後面

少用滑鼠的步驟

圖 2-23 輸入「五個」之後,「步驟二字」不見了

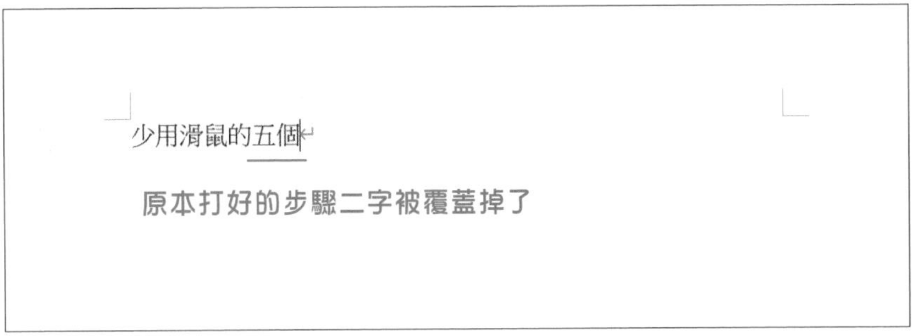

少用滑鼠的五個

原本打好的步驟二字被覆蓋掉了

　　只是想插入文字,卻不小心覆蓋了先前打好的字,這是因為你按到
〔Insert〕開啟了覆蓋模式,只要再按一次就可以解除。

　　之所以會發生「明明沒打算覆蓋卻不知何時變成覆蓋」的問題是有原因的。
請你觀察〔Insert〕附近,大部分的鍵盤應該都會把〔Delete〕放在那裡。
如果頻繁在操作中用到〔Delete〕,有時會不小心錯按成〔Insert〕,因為
它並不會在按到的當下發生變化,會毫無自覺地繼續操作,直到要插入文字
時才發現:「前面打好的字不見了。」按〔Insert〕可以開關覆蓋模式,請
你們務必記起來。

圖 2-24　文字被覆蓋時請按〔Insert〕

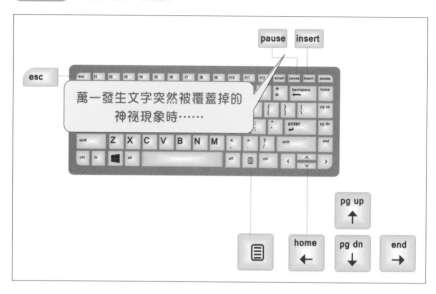

2 〔PrtSc〕

　　〔PrtSc〕的功能是擷取螢幕，它在 Windows 10 以後大幅變更，我們不必再把〔PrtSc〕擷取的圖片貼到 Word 或 PowerPoint 上裁切，取而代之的是可以透過設定，按〔PrtSc〕開啟簡化裁切工作的「剪取與繪圖」，這是一款能複製螢幕上任意範圍的畫面並存成圖片的程式，詳細用法請參考 P.145。

〔PrtSc〕

圖 2-25 設定之後會啟動「剪取與繪圖」

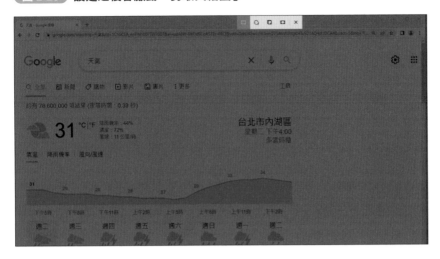

　　將「剪取與繪圖」設定成以〔PrtSc〕啟動後，萬一不小心按到〔PrtSc〕，導致螢幕像圖 2-25 一樣變暗，沒辦法打字或使用其他功能的話，只要按〔Esc〕就能恢復原狀。

圖 2-26 用〔PrtSc〕將螢幕畫面存成圖片

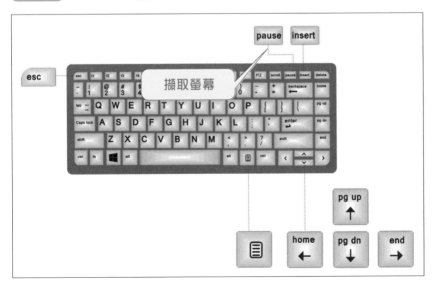

3 〔ScrLk〕

〔ScrLk〕是鎖定捲軸的按鍵,最具代表性的使用範例在 Excel,假使在操作中按了〔ScrLk〕,即使滾動捲軸也不會移動選取框,當你想固定選取框,同時查看其他儲存格的數值時,這個鍵就能派上用場。**不過要是無意間誤觸〔ScrLk〕,選取框會變得對方向鍵毫無反應,這時只要再按一次就能解除了。**此外,當捲軸被鎖定時,(在初始設定下)Excel 的狀態列左邊會顯示「SCROLL LOCK」的文字,請用來當作切換設定的參考。

4 〔Caps Lock〕

按下這個鍵可以輸入半形的大寫英文,主要發揮功能的場合是在用英文打字的時候。一般會同時按住〔Shift〕輸入大寫,但如果需要輸入大量的大寫英文,按下〔Shift〕+〔Caps Lock〕以後就可以直接打字,不需要浪費力氣多按一個鍵。反之,萬一遇到只能輸入大寫,要按〔Shift〕才能輸入小寫英文的情況時,請再按一次〔Shift〕+〔Caps Lock〕解除設定。

第 **3** 章

先掌握「單一快速鍵」

為什麼計時很重要？

設定用電腦工作的目標時間

我在第一章請大家製作了一張九九乘法表（P.18），請問你做了多久呢？

打電腦除了要注意內容正確，沒有錯字之外，「速度」也是一項重要的指標。

例如馬拉松賽跑或游泳等等，世界上有很多競速的比賽；同樣的，如果是製作像九九乘法表這種無論誰來做都會得到相同結果的內容，打電腦也一樣可以計時比較。

自從人們開始追求工作方法改革以後，就經常把「縮短工時」、「提高效率」掛在嘴邊，可是又有多少人實際測量過自己用電腦工作的時間呢？**為了實現縮短工時和提高效率，我們必須確實掌握自己目前的耗時以及往後的目標。**在提升電腦技能的學習過程中，計時是相當重要的一環。

在進入接下來的快速鍵說明之前，請你先確認自己會用哪些快速鍵，還是對快速鍵一竅不通？需要用多久完成像九九乘法表這樣的制式化表格或工作上常用的表單？這樣不但能實際感受自己在少用滑鼠每個階段的成長幅度，同時還能了解自己的潛力。

快速鍵對照表的
參考及使用說明

可以確認按鍵組合與學習進度

　　本書附了一張〈一圖秒懂快速鍵〉，在介紹快速鍵之前，我要先教你這張
對照表該怎麼看。

　　首先，請注意看〔Ctrl〕、〔Shift〕、〔Windows〕、〔Alt〕這四個
鍵的顏色，它們是快速鍵的主按鍵，須搭配色塊顏色相同的鍵一起使用。例如
〔Ctrl〕是藍色的，而〔C〕的藍色色塊標註「複製」，代表按〔Ctrl〕＋〔C〕
可以執行複製的功能。

　　其中也有一些黑色的鍵，它們是單一快速鍵，例如〔Esc〕的黑色色塊標
註著可以按它執行「關閉／清除」。

　　對照表上的快速鍵如果是你已經在用的，請把它們塗掉，這個動作可以讓
你掌握自己原本具備的知識與之後的目標。這張表列出的快速鍵大概有六十
個左右，假如塗掉了四個，剩下的五十六個就是你的潛力，代表你還有這麼多
提升工作速度的空間，請努力增進自己的實力吧！接著再繼續把學會的快速鍵
一一塗掉，這樣只要看一眼對照表就能知道自己的學習進度和當下的程度了。

單一快速鍵

從可以立刻上手的武器開始用起

聽到快速鍵,你可能會以為要按的鍵都有兩個以上,但其實也有可以單按的鍵。首先,我們先記住只需要一個鍵的快速鍵吧!本節要說明的按鍵包含〔Tab〕、〔空白鍵〕、〔F2〕、〔F12〕以及〔Windows〕。

除了這些之外,下列按鍵同樣可以單獨使用:

· 〔F7〕 **切換成全形片假名。**

· 〔F9〕 **切換成全形英數字。**

· 〔F10〕 切換成半形英數字。

· 選單鍵 **開啟右鍵選單。**

1 〔Tab〕

按下這個鍵,游標或選取框會依照程式設定的順序移動,我在 P.24-26 也有介紹它在 Excel 工作表及 Outlook 郵件中的移動方式,敬請參考。

2 〔空白鍵〕

選取核取方塊並按下空白鍵,可以勾選/取消核取方塊,以下將以 Excel 的篩選功能為例。如圖 3-1),當表格最上面的欄位顯示「▼」符號時,按

〔Alt〕＋〔↓〕會顯示當欄的所有內容，用上下方向鍵選擇已選取或欲選取的條件再按空白鍵，就可以取消（或勾選）核取方塊。圖 3-1 的「太田」被取消了。

圖 3-1 **用空白鍵取消勾選核取方塊**

另外，使用日文輸入法時，勾選／取消核取方塊的操作無法在 Excel 等部分程式下執行，所以請在操作前先確認輸入法是半形英數字。

3〔F2〕

這個按鍵主要用在修改檔案或資料夾名稱的時候,譬如選取一個桌面上的檔案再按〔F2〕,檔名就會變成可修改的狀態。

圖 3-2 **選取桌面的檔案**

⬇️

〔F2〕

⬇️

圖 3-3 **可以修改檔名了**

修改檔名也可以在檔案上緩慢點擊兩次滑鼠左鍵,但是點太快直接開啟檔案的情況也不少見,所以請你善用〔F2〕,減少浪費時間在這種失誤上。

此外，用〔F2〕讓檔名變成可修改的狀態之後，如果想要取消，只要按〔Esc〕就可以一鍵完成。

4〔F12〕

我在 P.14 也有提到關於〔F12〕的說明，它的用途是在 Excel、Word 和 PowerPoint 等 Office 軟體開啟「另存新檔」視窗。

圖 3-4 在 Excel 建立新活頁簿，輸入資料

↓

〔F12〕

↓

圖 3-5 跳出「另存新檔」的視窗

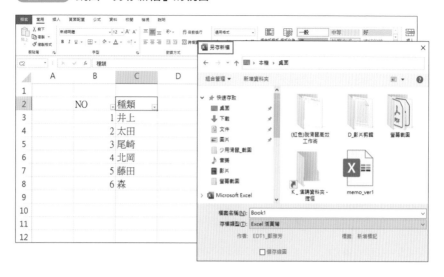

　「另存新檔」的操作方法會因為程式的版本或更新而有所不同，但〔F12〕可以在不受這些影響的情況下另存新檔，就簡化操作的意義上來說，這個按鍵也非常實用，請你一定要記起來。

5〔Windows〕

　按〔Windows〕可以打開開始功能表。要是再接著輸入程式名稱的第一個字（如果沒出現搜尋結果，請多輸入兩、三個字），所有字首相同的程式會被一一列出，可以迅速啟動。

　以開啟 Excel 為例，請按〔Windows〕，再按 Excel 的字首「E」，畫面上會顯示所有「E」開頭的程式清單，接著用上下方向鍵選取「Excel」按〔Enter〕，就可以開啟程式了。另外，請先放開〔Windows〕再按「E」。

〔Windows〕

圖 3-6 放開按鍵後會出現開始功能表

按〔E〕

圖 3-7 從「E」開頭的程式中選擇「Excel」

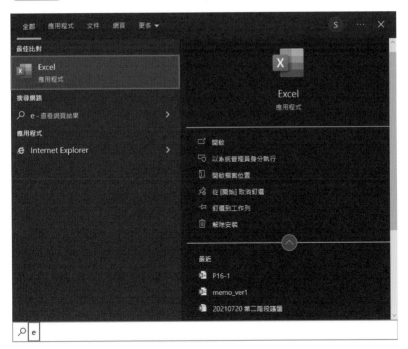

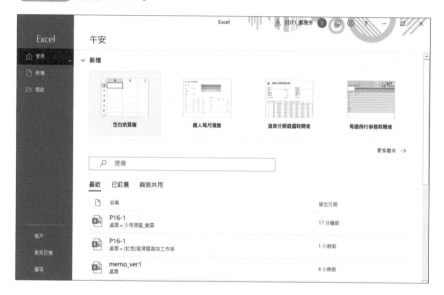

按〔Enter〕

圖 3-8　啟動 Excel 了

　　其他程式也一樣，按完〔Windows〕再接著按〔P〕，就可以選擇
PowerPoint。

　　像「記事本」、「小畫家」這些以中文命名的程式，可以在開啟中文輸入
法的情況下按〔Windows〕，輸入開頭的「記」或「小畫」，從列出的搜
尋結果進行選取。

　　記住這個用法可以省下從開始功能表找程式的工夫，大幅縮短啟動程式的
時間。

與滑鼠並用的快速鍵
也要記起來

有時要「左手打鍵盤、右手握滑鼠」

我在第一章說過，操作 Chrome、Edge 等瀏覽器以及 PowerPoint 的目標不是少用滑鼠，而是降低對滑鼠的依賴，用鍵盤、滑鼠雙管齊下的減滑鼠（P.18）。有些按鍵也會因為與鍵盤的結合而更具生產力，它們是〔Shift〕、〔Ctrl〕及〔Alt〕。

1 〔Shift〕

〔Shift〕結合滑鼠可以快速選取範圍。假設我們想在管理檔案的檔案總管連續選取多個檔案，只要先在第一個檔案點擊滑鼠左鍵，再按住〔Shift〕點擊最後一個檔案，就能將範圍內的所有檔案一次選起來。

圖 3-9　在第一個檔案點擊滑鼠左鍵，
　　　　在最後一個檔案按〔Shift〕＋滑鼠左鍵

圖 3-9 的檔案總管畫面，選取第一個 flyer02_fix_1.psd「滑鼠左鍵」，最後一個 flyer03_fix_4.psd〔Shift〕＋滑鼠左鍵

圖 3-10　選取連續的檔案了

圖 3-10 的檔案總管畫面，顯示已選取連續的檔案 flyer02_fix_1.psd 至 flyer03_fix_4.psd

同樣的操作也能用在 Excel、Word 和 PowerPoint。在 Excel 點擊一個儲存格作為起點，再用〔Shift〕＋滑鼠左鍵點擊終點，即可選取範圍內的所有儲存格。

圖 3-11 點擊作為起點的儲存格

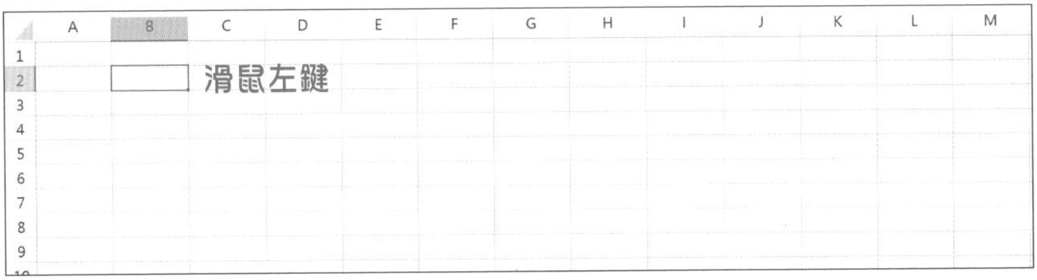

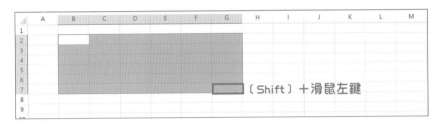

圖 3-12 在終點按〔Shift〕＋滑鼠左鍵即可選取範圍

Word 也一樣，先用滑鼠點擊第一個字，再按住〔Shift〕，點擊欲選取範圍的最後一個字，就可以選取整段文字；要是想在 PowerPoint 的縮圖顯示區連續選取多張投影片，同樣只需要點擊第一張投影片，再按住〔Shift〕點擊最後投影片；此外，在 Outlook 的收件夾選擇一封信，接著按住〔Shift〕點擊另一封郵信，便能將範圍內的信統統選起來。

2 〔Ctrl〕

　　按住〔Ctrl〕並搭配滑鼠可以在任何地方進行複製，至於複製內容則取決於當下開啟的視窗或程式。

　　在檔案總管，選取檔案並按住〔Ctrl〕搭配滑鼠拖放，可以將檔案複製到任何地方，儘管這跟在選取後先按〔Ctrl〕＋〔C〕，再移動到另一個地方按〔Ctrl〕＋〔V〕是一樣的意思，但至少不用按這麼多鍵。

圖 3-13　選擇檔案

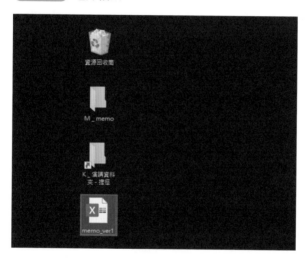

圖 3-14　〔Ctrl〕＋拖放能將檔案複製到任意位置

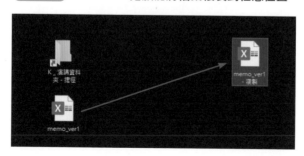

在 Excel 會用到〔Ctrl〕＋拖放的是複製工作表，只要點擊工作表的標籤，按住〔Ctrl〕以滑鼠拖放到另一處即可。雖然也能從右鍵選單的〔移動或複製〕指定複製位置，但〔Ctrl〕＋拖放可以在指定位置的同時一鍵完成檔案複製。

圖 3-15 〔**Ctrl**〕＋拖放工作表標籤

圖 3-16 把工作表複製到想要的地方了

在 PowerPoint 也可以用〔Ctrl〕搭配拖放將圖片或圖表複製到想要的地方，這比用〔Ctrl〕＋〔C〕、〔Ctrl〕＋〔V〕複製之後再調整位置少了一些步驟。

〔Ctrl〕搭配滑鼠的用法還有一種，那就是在按住〔Ctrl〕之後點擊滑鼠左鍵。

在檔案總管按住〔Ctrl〕雙擊（或單擊）資料夾可以開啟新視窗；而在 **Chrome 或 Edge 按住**〔Ctrl〕**點擊網頁連結則會開啟新分頁。**

如果想用新分頁開啟連結，大部分的人應該都會在內含超連結的文字或圖片上點擊滑鼠右鍵，選擇〔在新分頁中開啟連結〕，這時你的左手是空下來的。

用閒置的左手按住〔Ctrl〕，再用右手點擊滑鼠，可以讓你省下一個步驟。

3〔Alt〕

〔Alt〕搭配拖放可以建立檔案或資料夾的捷徑，把常用的檔案或資料夾的捷徑放在桌面上可以馬上打開，非常方便，而且用不到了還能隨時刪除；刪除捷徑並不會影響到原本的檔案或資料夾。

圖 3-17 用〔Alt〕＋拖放建立資料夾的捷徑

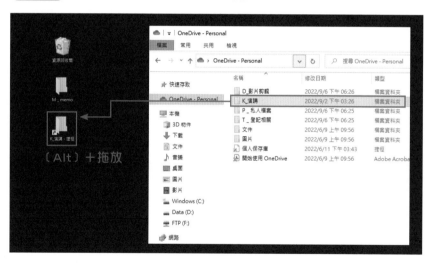

除此之外，〔Alt〕還能用來檢視內容。選擇桌面或檔案總管的資料夾（或檔案），按住〔Alt〕並雙擊滑鼠左鍵，畫面會跳出該資料夾（或檔案）的內容視窗；這個操作也可以按〔Alt〕＋〔Enter〕。

圖 3-18 〔**Alt**〕＋雙擊左鍵可以檢視內容

練習

操作核取方塊
＆關閉附屬視窗

如何勾選核取方塊

我們來複習在第三章學到的內容吧！第一個練習是勾選核取方塊（設定等視窗裡的「□」）。

首先，請開啟 PowerPoint，在可以編輯投影片的狀態下按〔Ctrl〕＋〔H〕，會出現圖 3-19 中的「取代」視窗。〔Ctrl〕＋〔H〕是呼叫取代視窗的快速鍵，在這裡先不用記沒關係。

〔Ctrl〕＋〔H〕

圖 3-19 開啟「取代」視窗，「大小寫須相符」的核取方塊是空的

在「尋找目標」和「取代為」的欄位下面，有一個在邊顯示「大小寫須相符」的正方形方塊吧？請你試著將它打勾。

如何？完成了嗎？

那我們來對答案吧！開啟「取代」視窗後，游標會出現在「尋找目標」的欄位，在這個狀態下按〔Tab〕，游標會移動到「取代為」欄，再按一下會選取「大小寫須相符」，接著按〔空白鍵〕，核取方塊就會被打勾了。

〔Tab〕

圖 3-20　游標移動到「取代為」欄

〔Tab〕

圖 3-21　選取「大小寫須相符」

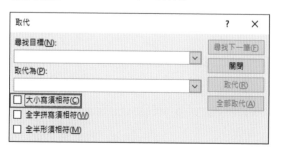

⬇️

〔空白鍵〕

⬇️

圖 3-22 「大小寫須相符」的核取方塊被打勾了

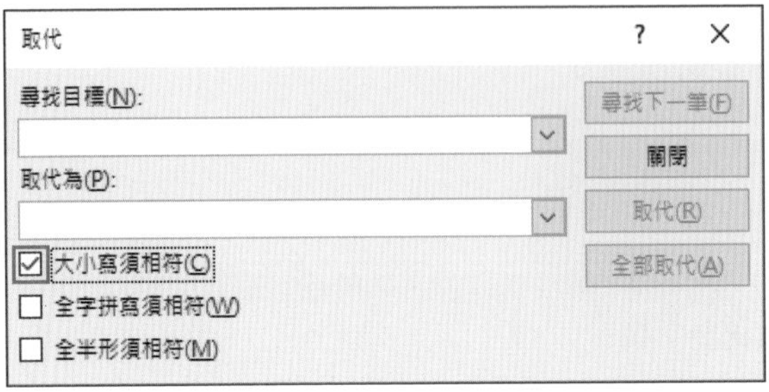

取代	? ✕
尋找目標(N):	尋找下一筆(F)
	關閉
取代為(P):	取代(R)
☑ 大小寫須相符(C)	全部取代(A)
☐ 全字拼寫須相符(W)	
☐ 全半形須相符(M)	

由此可見，像這種勾選／取消核取方塊的操作要按〔空白鍵〕。

如何不用滑鼠關閉附屬視窗

第二個練習是關閉像「取代」這種附屬視窗（設定、確認操作內容的視窗或程式彈出的對話方塊）的方法。請你試著操作鍵盤關掉勾好「大小寫須相符」的「取代」視窗。

關好了嗎？部分程式可以用〔Esc〕關閉程式彈出的附屬視窗，不過要注意這種做法等於點擊〔取消〕，不會保存更改後的設定。

第 **4** 章

熟悉「Ctrl」、
「Windows」和「Alt」

掌握少用滑鼠的
最佳起始位置

SECTION 1

把手指放在方便按「主按鍵」的地方

　　就像打字有打字的起始位置一樣,快速鍵也有相應的起始位置,而且一如前者可以讓打字變得更有效率,把手指放在對的地方有助於提升快速鍵操作的便利性和速度。**學習快速鍵的目的是為了節省時間,因此把手指放在能最快按到每個鍵的位置極其重要。**

　　首先是左手,請你把拇指放在〔Alt〕附近,再把中指放在靠近〔Tab〕的地方,這就是最佳的起始位置。如果問為什麼要這樣放,答案是因為〔Alt〕+〔Tab〕的使用頻率很高,這是用來切換視窗(使用中的程式)的快速鍵。

　〔Alt〕+〔Tab〕　※〔Alt〕要按著不放

圖 4-1　顯示所有開啟中的視窗縮圖

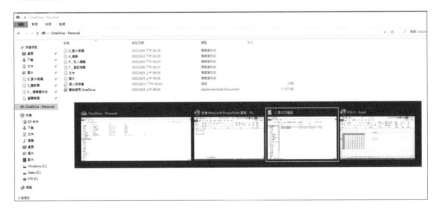

如圖 4-1，當畫面出現開啟中的視窗後，按住〔Alt〕不放再按〔Tab〕，選取框會隨著按壓的次數切換選項，選到你要的視窗放開按鍵，就能將該視窗移動到最上層。

這個操作在打電腦的時候很常用到，所以把左手的拇指和中指分別放在〔Alt〕和〔Tab〕上會比較方便。如果觀察電腦高手們沒打字時把手指放哪裡，會發現他們多半下意識將拇指和中指放在〔Alt〕和〔Tab〕附近。按〔Ctrl〕的手指也要決定一下，一般是用左手小指，不過因為〔Ctrl〕和〔Fn〕的位置在每個鍵盤都不太一樣，請你配合自己的鍵盤稍作調整。另外，如果要按住〔Ctrl〕再按〔1〕、〔2〕等數字鍵時，則會用到左手的拇指和中指。

其次是右手，請把右手放在方向鍵上，因為當我們用左手按完快速鍵後，經常需要再用右手操作方向鍵進行選擇或決定。同樣要用右手的除了方向鍵之外，還有〔Enter〕以及〔選單鍵〕。以上就是快速鍵的起始位置。如果需要同時用到鍵盤和觸控板，還有一種方法是將左手放在上述的起始位置，右手則放在觸控板。

圖 4-2 顯示所有開啟中的視窗縮圖

想著「我要把快速鍵背起來」
是失敗的主因

快速鍵的通用規則

學習快速鍵時，我不建議參考像《學這些就夠了！快速鍵大補帖》或《快速鍵 Best 10》這種按程式分類的書籍或網站一味死背，說這是讓許多人在學習過程中受挫的原因也不為過。

儘管也有少數像〔Ctrl〕+〔C〕、〔Ctrl〕+〔V〕一樣多程式通用的按鍵，但基本上，快速鍵的設定取決於開發者，因此在 Google、微軟和 Adobe 各自開發的程式當中，每個按鍵被分配到的功能或組合方式當然會不一樣。

你或許覺得，要記住這些因程式而異的快速鍵，死背會是最好的方法。**但事實上，即使開發的廠商不同，快速鍵依然具有一定的共通性，因此從這些按鍵開始著手才是最有效率的學習方式。**

而且我在第二章也有說，每個快速鍵的設計都是有原因的，例如容易從按鍵聯想或英文單字的字首等等，掌握這些方法，會讓我們更好記住或推測出按鍵組合。

〔Ctrl〕、〔Windows〕和〔Alt〕的不同用途

了解主按鍵的意義會讓世界變得截然不同

「組合兩種按鍵時，主按鍵到底該用〔Ctrl〕、〔Windows〕還是〔Alt〕？」這應該是大家在學習過程中最容易搞混的事。舉例來說，就好比你記得複製（Copy）要按〔C〕，卻忘了要一起按的是〔Ctrl〕、〔Windows〕還是〔Alt〕。知道主按鍵的基本用法就能避免這個問題，而了解主按鍵的常見用途，還能讓你以更有效率的方式記住它們。不過，還請留意這些用法有時會因程式而異。

首先是〔Ctrl〕，它主要用來操作最上層——也就是螢幕最前面的程式，算是所有主按鍵中使用頻率最高的。

其次是〔Windows〕，與使用中的程式無關，它的功能是操作 Windows。例如顯示桌面的快速鍵〔Windows〕＋〔D〕，無論原本在最上層的是 Word 還是 PowerPoint，按它都能回到桌面。會用到〔Windows〕的快速鍵幾乎都跟它的名字一樣是用來控制 Windows 的。

第三個是〔Alt〕，它主要用來操作最上層程式的按鈕，關於〔Alt〕的詳細用法將會在 P.77 ～ P.81 進行說明。

活用〔Ctrl〕和〔Alt〕的必要條件

分辨「最上層」的方法

我在說明〔Ctrl〕、〔Windows〕和〔Alt〕的不同用途時,有提到〔Ctrl〕和〔Alt〕負責對最上層的程式下達指令,這裡的重點是「最上層」。所謂的「最上層」是什麼意思?就讓我們一邊操作一邊確認。

請試著打開Excel,按〔Ctrl〕+〔H〕,畫面上會出現「尋找及取代」視窗。

〔Ctrl〕+〔H〕

⬇

圖 4-3 顯示「尋找及取代」視窗

接著直接用滑鼠點擊任何一個儲存格。這時雖然「尋找及取代」視窗還留在螢幕的最前面，但視窗標題的顏色變得很淡，而 Excel 的標題則變深了。

圖 4-4 點擊儲存格後，「尋找及取代」的標題顏色會變淡

如果在圖 4-4 的狀態下問你哪個視窗在最上層，你應該會想回答「尋找及取代」視窗吧？然而**電腦所認知的最上層是標題比較清晰的那一方。**在圖 4-4 當中，因為「尋找及取代」的標題較淺，Excel 的標題較深，所以在最上層的是 Excel 程式。如果在這時操作鍵盤，「尋找及取代」視窗不會有所反應，意即就算按了〔Esc〕想關閉視窗，螢幕上也不會發生任何變化。要是想讓「尋找及取代」視窗回到最上層，請按住〔Alt〕和好幾次〔Tab〕進行選取。

〔Alt〕＋〔Tab〕

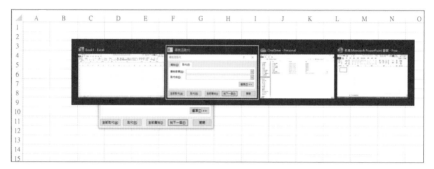

圖 4-5 從開啟的視窗中選擇「尋找及取代」

※ 本操作在部分版本下無法使用。

　　選好後放開按鍵。

圖 4-6 「尋找及取代」變成最上層了

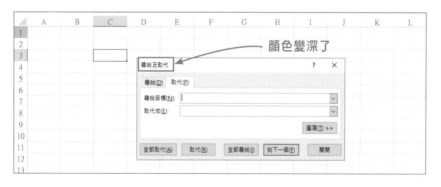

　　這樣一來，「尋找及取代」的標題就會變成深色，成為最上層了。

　　所謂的「最上層」並不是螢幕的最前面，而是代表當下正在操作的程式。同時開啟多個程式或出現像「尋找及取代」這樣的附屬視窗時，用來切換操作對象的快速鍵就是〔Alt〕和〔Tab〕。打電腦少不了要切換畫面，請你記得用〔Alt〕和〔Tab〕選擇最上層視窗的方法（參考 P.101）。

活用〔Alt〕鍵

5
SECTION

點擊按鈕的替代方案──〔Alt〕

據說「Alt」是「Alternative」的縮寫，直譯成中文是「其他選擇」或「替代方案」。按鍵操作的「替代方案」是什麼意思？我們用Excel來實際試試看。請打開Excel工作表，按〔Ctrl〕+〔H〕，開啟「尋找及取代」視窗的「取代」索引標籤，裡面有〔全部取代〕、〔取代〕、〔全部尋找〕、〔找下一個〕和〔選項〕這些按鈕，請你用鍵盤來操作它們。仔細看的話，應該會在〔選項〕等按鈕上看到像「（T）」這樣帶有括號的英文字母。

〔Ctrl〕+〔H〕

圖 4-7 **注意每個按鍵上的英文字母**

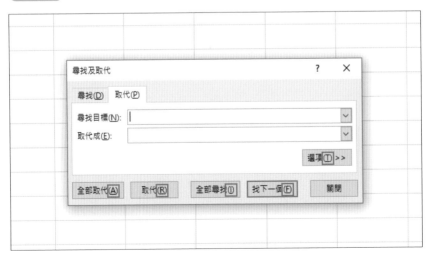

操作視窗裡的按鈕需要按住〔Alt〕跟對應的英文字母；換言之，如果想點擊〔選項〕的話就要按〔Alt〕＋〔T〕。

按〔Alt〕＋〔T〕會跟用滑鼠點擊〔選項〕一樣展開選項裡的設定項目；想關閉同樣也是按〔Alt〕＋〔T〕。

〔Alt〕＋〔T〕

 圖 4-8　展開「選項」的設定項目

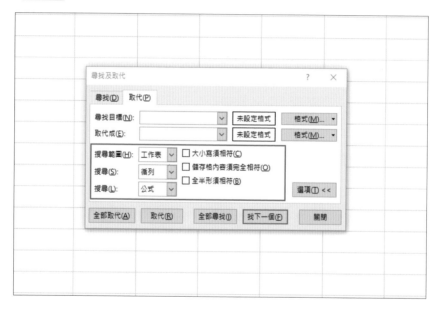

由此可見，我們會用〔Alt〕點擊附屬視窗中的按鈕。

我在上一節也有說明，〔Alt〕還能在使用中的程式或檔案總管等視窗來回切換。用滑鼠切換視窗須點擊工作列上的圖示，而代替這個操作的快速鍵就是〔Alt〕＋〔Tab〕，只要按住〔Alt〕再多按幾次〔Tab〕，就可以選擇要把哪個視窗移到最上層。

〔Alt〕+〔Tab〕

↓

圖 4-9　從所有視窗中選擇要移動到最上層的視窗

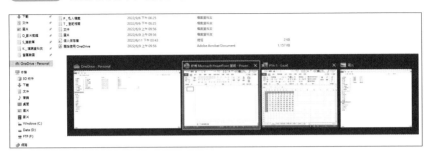

　　除此之外，〔Alt〕還可以用來點擊 Excel 和 Word 等 Office 軟體的索引標籤及功能區的按鈕。比方說，在 Excel 按〔Alt〕，每個索引標籤下邊會顯示對應的英文字母，例如〔常用〕旁邊是〔H〕、〔插入〕旁邊是〔N〕。

　　接著請按〔H〕，開啟〔常用〕索引標籤，再按一次〔H〕則會出現「填滿色彩」的調色盤，這時再用方向鍵選好顏色按〔Enter〕，被選取的儲存格就會被填滿顏色。

〔Alt〕

↓

圖 4-10　顯示對應每個索引標籤的按鍵

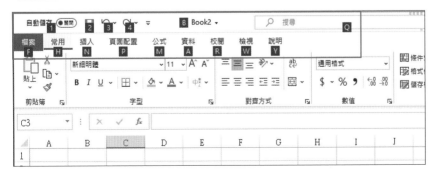

〔H〕 ※ 放開〔Alt〕

圖 4-11 顯示對應每個按鈕的按鍵

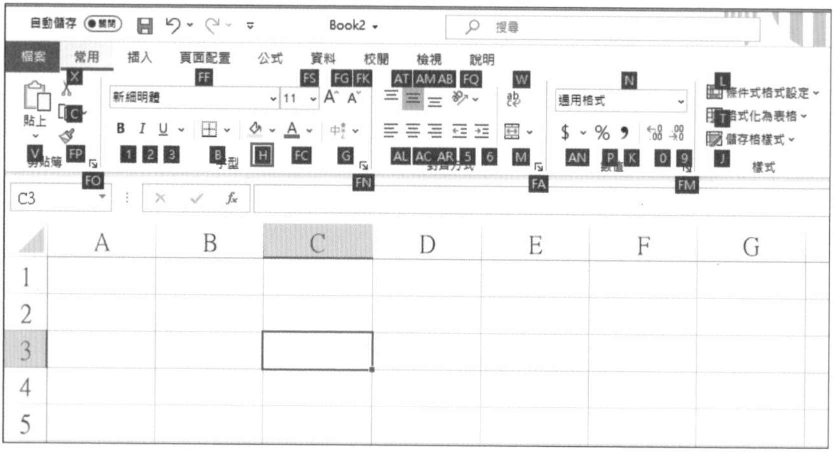

〔H〕

顯示「填滿色彩」的調色盤

用方向鍵選擇顏色按〔Enter〕

圖 4-12　從「填滿色彩」的調色盤選擇顏色

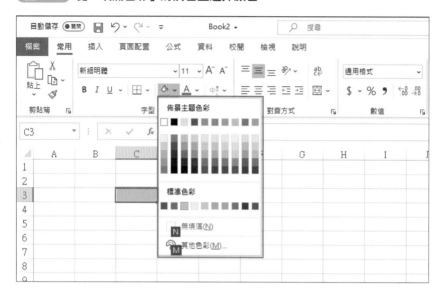

　　一開始按〔Alt〕出現的是開啟各索引標籤的按鍵，按下對應〔常用〕索引標籤的〔H〕，會在開啟索引標籤的同時顯示對應標籤內各個按鈕的鍵，而〔H〕會啟動〔填滿色彩〕，故按下〔H〕會顯示「填滿色彩」的調色盤。

　　主按鍵另外還有〔Ctrl〕、〔Shift〕以及〔Windows〕，但其中最困難也最深奧的就屬本節說明的〔Alt〕，它的用法最好透過實際操作來加深印象。

練習①

嘗試各種不同按鍵

使用方向鍵

在上一節，我們提到用鍵盤操作按鈕要按〔Alt〕，請你在檔案總管試試看。請開啟檔案總管，將檔案放進任一資料夾。圖4-13的檔案放在「M_memo」底下的「封存」資料夾。這時如果看視窗的左上角，應該會發現〔←〕按鈕是可以用的。

圖 4-13 進入資料夾後，〔←〕會變成可以使用的狀態

那麼，該如何用鍵盤點擊〔←〕呢？我們剛才說附屬視窗中的按鈕要用〔Alt〕和顯示在上面的英文字母操作，可是〔←〕並沒有對應的字母。接著請你觀察自己手邊的鍵盤，上面應該有一個和〔←〕長得很像的按鍵。沒錯，

我說的就是**方向鍵的左鍵**。請你按住〔Alt〕再按**左鍵**，應該會跟點擊視窗上的〔←〕一樣，回到前一個的資料夾。附圖的視窗移動到「封存」資料夾上一層的「M_memo」資料夾了。

〔Alt〕＋左鍵

圖 4-14 移動到（返回）「**M_memo**」資料夾

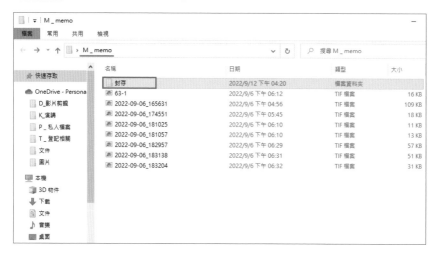

要是想從這裡前往「封存」資料夾，請按住〔Alt〕再按**方向鍵的右鍵**。

檔案總管還有一個跟按鍵很像的按鈕〔↑〕，**它的功能是移動到上一層**，用鍵盤操作要按〔Alt〕＋上鍵。

這時要是一直按〔Alt〕＋上鍵，按到視窗不再移動為止，會發生什麼事？在大部分的情況下，最後會停在桌面，因為桌面被設計成檔案總管的最上層。

〔Alt〕＋好幾次上鍵

⬇

圖 4-15 移動到桌面了

名稱	大小	項目類型	修改日期
Outlook	3 KB	捷徑	2022/5/26 下午 01:11
Excel	3 KB	捷徑	2022/5/26 下午 01:11
Word	3 KB	捷徑	2022/5/26 下午 01:11
公用資料夾	1 KB	捷徑	2008/9/19 下午 03:38
檔案伺服器	1 KB	捷徑	2007/11/12 上午 11:26
M_memo		檔案資料夾	2022/9/12 下午 04:20
T_登記相關		檔案資料夾	2022/9/6 下午 06:25
P_私人檔案		檔案資料夾	2022/9/6 下午 06:25
D_影片剪輯		檔案資料夾	2022/9/6 下午 04:37
S_請款單		檔案資料夾	2022/9/2 下午 03:26
螢幕截圖		檔案資料夾	2022/8/22 下午 02:57
Google Chrome	3 KB	捷徑	2022/9/7 上午 10:33
FastStone Capture	2 KB	捷徑	2022/5/26 下午 02:01
PotPlayer 64 bit	2 KB	捷徑	2022/5/26 上午 10:27
Acrobat Reader DC	3 KB	捷徑	2022/5/26 上午 10:26

這個操作也可以在「另存新檔」等視窗中執行，當你想把 Excel 或 PowerPoint 的檔案存到桌面時，只要按〔F12〕開啟「另存新檔」視窗，再按住〔Alt〕和好幾次上鍵，就能輕鬆在不用滑鼠的情況下把檔案存到桌面。

〔F12〕

⬇

顯示「另存新檔」視窗

⬇

〔Alt〕＋好幾次上鍵

⬇

圖 4-16 儲存位置一下就變成桌面了

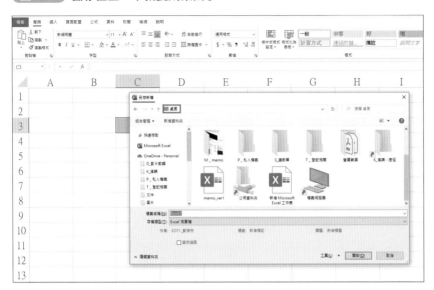

　　除了管理檔案的檔案總管之外，Chrome、Edge 和 IE 等瀏覽器也有〔←〕（返回）和〔→〕（前進），在這裡也可以用〔Alt〕＋左鍵、〔Alt〕＋右鍵代替點擊按鈕的操作。圖 4-17 是用 Google 搜尋「天氣」的結果，可以按〔Alt〕＋左鍵回到首頁。

圖 4-17 「天氣」的搜尋結果

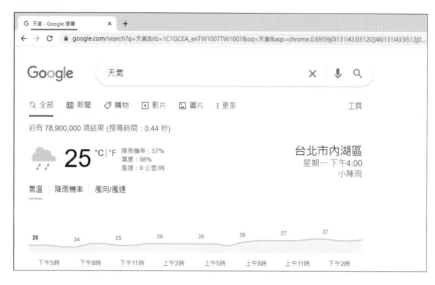

（Alt）＋左鍵

圖 4-18 回到上一頁了

要是想再從首頁前往天氣的搜尋結果，請按〔Alt〕＋右鍵。

我再介紹也用到〔Alt〕和方向鍵的例子。如果有開啟 Excel 的「自動篩選」（或稱「篩選」），表格最上面的欄位會出現「▼」，我們會點擊這個符號選擇篩選條件，亦可以用〔Alt〕搭配和「▼」很像的按鍵來執行。所謂「和『▼』很像的按鍵」是指下鍵，**選擇標題的儲存格按〔Alt〕＋下鍵可以展開選單。**

綜上所述，〔Alt〕也可以搭配與按鈕外型相似的按鍵一起使用。

圖 4-19 **想展開自動篩選的「▼」時……**

⬜	A	B	C	D	E	F	G	H	I
1									
2		NO	種類						
3			1 井上						
4			2 太田						
5			3 尾崎						
6			4 北岡						
7			5 藤田						
8			6 森						
9									

〔Alt〕＋下鍵

圖 4-20 **選單出現了**

⬜	A	B	C	D	E	F	G	H
1								
2		NO	種類					
3		A↓ 從 A 到 Z 排序(S)						
4		Z↓ 從 Z 到 A 排序(O)						
		依色彩排序(T)						
5		工作表檢視(V)						
6		▽ 清除「種類」的篩選(C)						
		依色彩篩選(I)						
7		文字篩選(F)						
		搜尋 🔍						
8		☑ (全選)						
		☑ 井上						
9		☑ 太田 ☑ 北岡						
10		☑ 尾崎 ☑ 森 ☑ 藤田						
11								
12		確定 取消						

啟動程式並切換到最上層

來回切換兩個文件並輪流打字

用電腦工作常常會啟動多個程式切換使用。在這裡，我們要挑戰在完全不用碰滑鼠的情況下，開啟兩份 Word 文件並輪流輸入文字。

首先，讓我們複習一下啟動程式的方法。應該是要按〔Windows〕並輸入字首的「W」，沒錯吧？這時畫面上會出現所有「W」開頭程式，請用方向鍵選擇「Word」，按〔Enter〕啟動，確認選取框停在〔空白文件〕，再按一次〔Enter〕便會開啟一份空白文件。

〔Windows〕

⬇

〔W〕

⬇

圖 4-21 選擇「**Word**」（視情況使用方向鍵）

（Enter）

圖 4-22 選取框會停在〔空白文件〕上

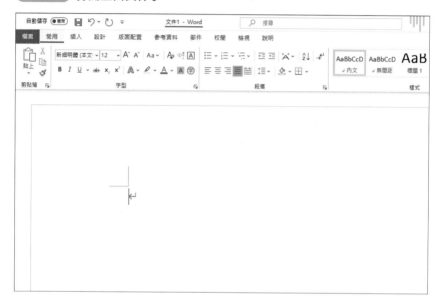

（Enter）

圖 4-23 打開空白文件了

　　請你再重複一次相同的操作，開啟第二份 Word 的空白文件。

　　準備就緒後，請你試著以半形模式輪流在兩份文件上輸入奇數和偶數，當然也只能用鍵盤操作，不可以用滑鼠。你想到該怎麼做了嗎？

　　首先，請在文件 1 輸入「1」，輸入後按〔Alt〕和〔Tab〕叫出所有啟動中的程式，選擇另一份 Word 文件；如果同時還開著其他程式，請多按幾下〔Tab〕選到另一份 Word 文件再放開。叫出空白文件後請輸入「2」，接著再用〔Alt〕和〔Tab〕選擇剛才輸入「1」的文件，在「1」後面輸入「3」，完成後再用〔Alt〕和〔Tab〕選擇有「2」的那份文件輸入「4」。請你像這樣用〔Alt〕和〔Tab〕輪流切換兩個文件，並按照順序輸入數字 1 到 9。

輸入「1」

圖 4-24 在文件 **1** 輸入「**1**」了

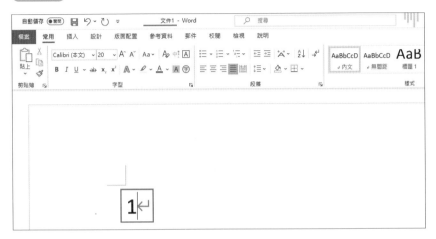

（Alt）＋（Tab）

圖 4-25 選擇文件 **2** 後放開按鍵

輸入「2」

圖 4-26 在文件 2 輸入「2」了

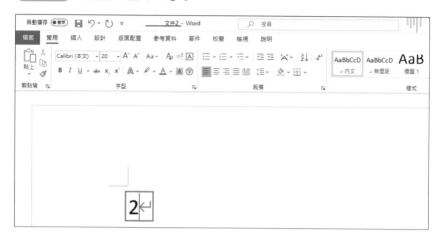

用〔Alt〕+〔Tab〕來回切換兩份文件並輸入數字

圖 4-27 在文件 1 輸入奇數

圖 4-28 在文件 2 輸入偶數

　　剛開始用的時候可能會卡卡的，但切換程式或視窗的操作很常用到，請你一定要學起來。

第 **5** 章

讓工作速度倍增的
「左手快速鍵」

首要目標是左手快速鍵

突然少用滑鼠是很危險的

我們即將要進入組合多個按鍵的操作了。不過在這個階段,要把右手留在滑鼠上,學習只需要左手就能操作的快速鍵,這樣既可以靠滑鼠彌補記不清楚的地方,還能用鍵盤和滑鼠左右開弓,比按程式別死背雙手快速鍵更沒負擔,也更有效率。

但有一點要請大家注意,那就是可能會同時存在兩種可以達到相同效果的快速鍵,在瀏覽器或檔案總管選取網址(路徑)的鍵就是其中一個例子,它有〔Alt〕+〔D〕和〔Ctrl〕+〔L〕兩種組合,無論按哪一種都可以複製網址(路徑)。

有兩種按法,會讓人猶豫到底該記哪種才好。遇到這種情況時,請你想想按鍵的位置和手指的動作。〔Ctrl〕+〔L〕必須用雙手來按,但〔Alt〕+〔D〕只需要用左手,因為只要把拇指放在〔Alt〕上,可以用食指按到〔D〕。

綜上所述,要是遇到一種操作擁有多種不同的按鍵組合,我強烈建議大家先記只用左手的快速鍵。

應該先學會的數字快速鍵

搭配不同主按鍵會有不同的功能

「數字快速鍵」是指用〔Ctrl〕、〔Windows〕和〔Alt〕這些主按鍵搭配**數字鍵**的快速鍵。

首先要介紹〔Ctrl〕和數字的組合，它們主要用於瀏覽器和通訊軟體。在這些程式裡使用〔Ctrl〕＋〔1〕、〔Ctrl〕＋〔2〕等〔Ctrl〕和數字的組合，即可依序切換分頁或討論串。例如在 Chrome 或 Edge 等瀏覽器按〔Ctrl〕＋〔1〕、〔Ctrl〕＋〔2〕和〔Ctrl〕＋〔3〕，便能依序切換到從左邊數來第一、第二和第三個分頁。

圖 5-1 有「Google」、「天氣－Google 搜尋」以及「Street Academy－Google 搜尋」三個分頁，請你試著用〔Ctrl〕和**數字鍵**在不同的分頁之間移動。

圖 5-1 開啟第一個分頁

（Ctrl）+（2）

圖 5-2 開啟第二個分頁

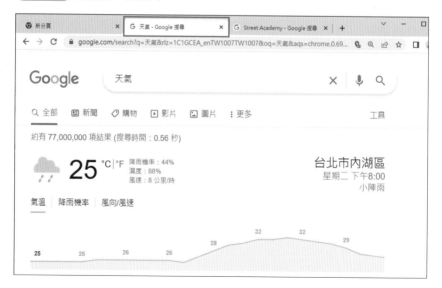

⬇

〔Ctrl〕+〔3〕

⬇

 移動到第三個分頁

〔Ctrl〕+數字鍵還能用在 Outlook、Slack、Teams 等多種通訊軟體，而且功能是一樣的。其次是〔Windows〕和數字的組合，它們相當於用滑鼠點擊工作列（顯示程式圖示的帶狀區域）上的圖示。按〔Windows〕+〔1〕會將最靠近〔開始〕的程式開啟或移動到最上層，按〔Windows〕+〔2〕則會顯示下一個程式。次頁圖 5-4 的工作列上有三個圖示，分別是 Chrome、Excel 和 Word，請你試著用〔Windows〕和數字鍵讓 Chrome 和 Excel 顯示在最上層。

〔Windows〕+〔1〕

⬇

圖 5-4 啟動 Chrome

啟動 Chrome

〔Windows〕＋〔2〕

圖 5-5 打開 Excel

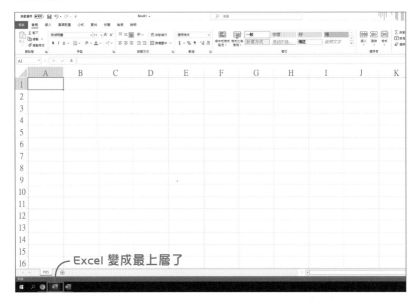

Excel 變成最上層了

最後是〔Alt〕和數字的組合。我在 P.77 也介紹過，在 Excel、PowerPoint 等程式按〔Alt〕會顯示對應各索引標籤的按鍵，而此時快速存取工具列※上的按鈕也會出現對應的數字。

在圖 5-6 中，Excel 快速存取工具列的第一個按鈕是〔插入篩選〕，第二個按鈕是〔清除篩選〕。按〔Alt〕之後，可以看到〔插入篩選〕出現〔1〕，〔清除篩選〕出現〔2〕，這代表若選取表中的儲存格再依序按下〔Alt〕和〔1〕，就可以開啟篩選功能。

※ 快速存取工具列是把常用指令或按鍵放進程式最上層的工具列，以便能立即執行的功能。

〔Alt〕

圖 5-6 快速存取工具列的按鈕出現對應的數字鍵

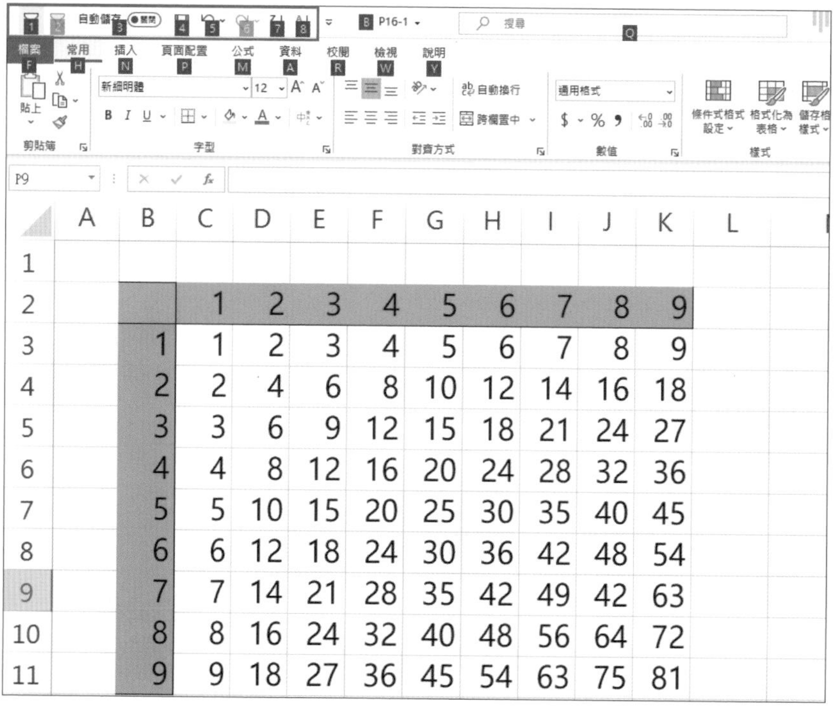

〔1〕

圖 5-7　開啟篩選功能

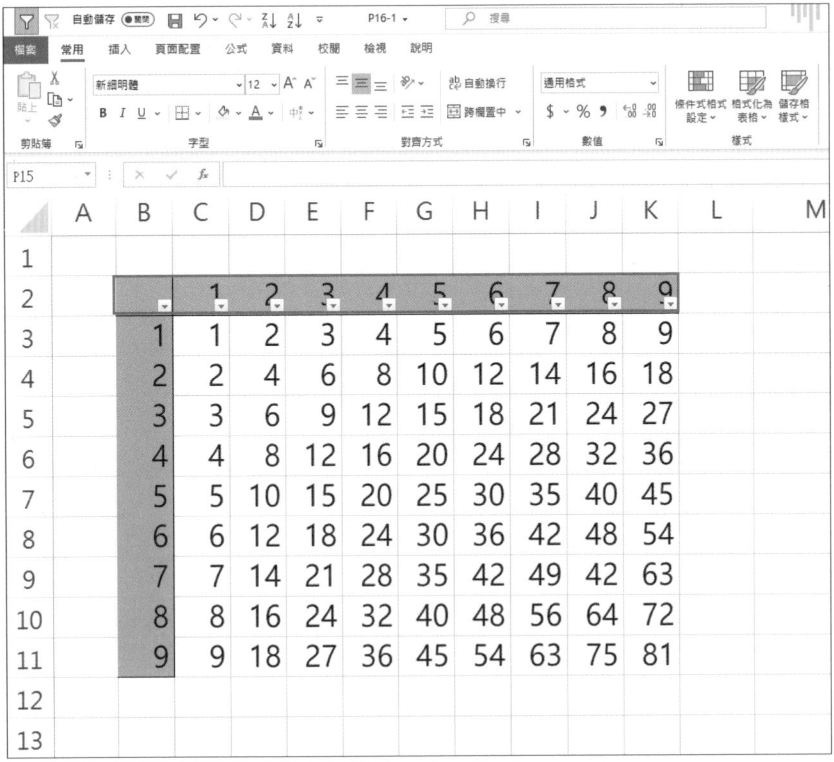

	A	B	C	D	E	F	G	H	I	J	K	L	M
1													
2			1	2	3	4	5	6	7	8	9		
3		1	1	2	3	4	5	6	7	8	9		
4		2	2	4	6	8	10	12	14	16	18		
5		3	3	6	9	12	15	18	21	24	27		
6		4	4	8	12	16	20	24	28	32	36		
7		5	5	10	15	20	25	30	35	40	45		
8		6	6	12	18	24	30	36	42	48	54		
9		7	7	14	21	28	35	42	49	42	63		
10		8	8	16	24	32	40	48	56	64	72		
11		9	9	18	27	36	45	54	63	75	81		
12													
13													

反之，如果在篩選功能已經打開的狀態下依序按〔Alt〕和〔2〕，則可清除篩選條件。

由此可知，數字鍵的功能會因為搭配不同的主按鍵而有所改變。

切換視窗或程式的快速鍵

SECTION 3

顯示並選取預覽縮圖

　　想切換最上層的視窗或程式時，要用滑鼠點擊工具列上的圖示，現在則要用鍵盤做到一樣的事。首先請按〔Alt〕＋〔Tab〕，叫出所有工作中的視窗或程式的縮圖。

〔Alt〕＋〔Tab〕

圖 5-8 顯示所有工作中的視窗

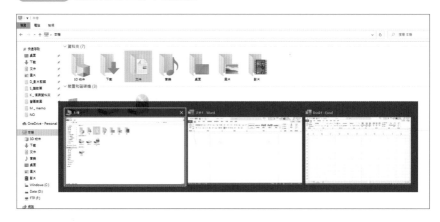

　　圖 5-8 是當電腦開著檔案總管、Word 和 Excel 這三個視窗,且最上層為檔案總管時按下〔Alt〕+〔Tab〕所出現的畫面。如果不放開按著〔Alt〕的手指再按一次〔Tab〕,選取框會隨著按壓的次數依序往右邊移動。

〔Alt〕按住不放 +〔Tab〕連按兩次

圖 5-9 選取框會移動到 Excel

選擇 Excel 並放開按鍵，最上層的視窗就會變成 Excel；如果工作中的視窗或程式只有三個，這個方法就夠用了。但要是在有很多視窗的情況下按〔Alt〕＋〔Tab〕，縮圖會分成上下兩排，這樣不但要浪費時間按好幾次〔Tab〕選擇視窗，還可能會按過頭，需要返回前面的選項。**如果縮圖的數量比較多，我建議用上下左右的方向鍵來選取，而不是按**〔Tab〕。使用方向鍵時也請繼續按著〔Alt〕不要放開。

圖 5-10 用〔Alt〕和方向鍵選擇想要的視窗

搭配**方向鍵**需要用右手來按，難度會略微提升，所以我把只用左手移動選取框的方法也交給大家。剛才說在出現縮圖之後，按住〔Alt〕再按〔Tab〕，選取框會向右移動。如果繼續多按幾次，它會回到一開始的位置，這樣就可以重新再選一次了。另外，要是不小心按太多次跳過了想要選擇的視窗，也可以按住〔Alt〕再按〔Shift〕＋〔Tab〕倒退。

關閉視窗

SECTION 4

根據要關閉的視窗分別使用不同按鍵

關閉視窗的按鍵有兩種，第一種是用來關閉程式彈出的視窗，例如 P.37 的「尋找及取代」的〔Esc〕，第二種是用來關閉程式本身的〔Alt〕＋〔F4〕。

關閉出現在每個程式裡面的設定或操作視窗要按〔Esc〕，這個鍵在 P.36-38 也有詳細說明，敬請參考。

〔Esc〕是「Escape」的縮寫，英文單字的解釋是「逃脫」，在電腦術語則有「取消指令」、「關閉檔案」或「回到上一個選單」等意思。雖然不用記得很細，不過稍微有點印象會比較好應用在其他地方，例如像圖 5-11 這樣不小心連續按了某個鍵好幾次的時候，你應該也能猜到可以按〔Esc〕取消。

圖 5-11 不小心打了一整排「**A**」

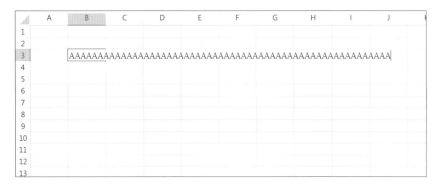

〔Esc〕 ※ 可能要按兩次

圖 5-12 全部不見了

　　關閉程式彈出的視窗可以用〔Esc〕，**但程式本身則要用不一樣的快速鍵。
結束程式請按**〔Alt〕＋〔F4〕，如果按下這個鍵時，最新的資料尚未被儲存，
畫面上會出現確認視窗，可以自行選擇是否要存檔。

〔Alt〕＋〔F4〕

⬇

圖 5-13 出現詢問是否要存檔的視窗

圖 5-13 是在還沒存檔的 Excel 活頁簿（檔案）按〔Alt〕＋〔F4〕所出現的畫面。如果之前已經用另存新檔存過檔，選擇〔儲存〕會存成同一個檔案。

COLUMN　上班族應具備的自我破壞力與創造力

　　聽人家說，絕大多數上班族的工作遲早有一天會統統消失。我也是這麼想的。

　　這個預測的理想發展是 IT 帶來的效率化「破壞」了既有的工作，人們便利用因此產生的空檔創造「新的附加價值」。這裡我想點出是：你是被破壞的一方，還是主動破壞的一方？

　　我曾經目睹原本需要兩兩一組執行的所有工作，因為其他公司提出的 IT 化方案遭到取代、破壞的瞬間，當事人起初還樂觀其成，但隨著時間經過，他們的表情越發凝重，拚命對抗著「不知道未來該做什麼的恐懼」。

　　假如每個月突然多了一百五十個小時的空檔，你們想用來做什麼？會如何為社會或組織做出貢獻？在思考這個問題的同時，我也強烈意識到自己即將面臨能否自我破壞工作的考驗。

　　話雖如此，這樣的例子相當少見，IT 化實際應該還需要好幾年的時間才會將現有的工作破壞殆盡。首先，請你從不影響他人的手指動作（少用滑鼠）開始試著挑戰自我破壞吧！

選取網址

想覆蓋或複製網址的時候很方便

　　從檔案總管或瀏覽器的網址列選取網址或檔案路徑（代表檔案或資料夾儲存位置的文字）要按〔Alt〕＋〔D〕，這個鍵會在你想覆蓋或複製網址的時候成為助力。

　　至於該怎麼記，如果用「跟『Address』（網址）的字首一樣都是『A』的〔Alt〕和跟第二個字母一樣的〔D〕」來聯想，你覺得怎麼樣？

〔Alt〕＋〔D〕

圖 5-14 可以選取網址列的內容

6

SECTION

復原及重複操作

「糟了！」兩種搶救手滑的鍵

復原之前的操作要按〔**Ctrl**〕＋〔**Z**〕，取消復原（或重複操作）則按〔**Ctrl**〕
＋〔**Y**〕，記得這兩種快速鍵可以讓你在出錯時輕鬆挽回。我們實際試試看吧！
圖 5-15 複製了一張中間有「Z」的圖片。

圖 5-15 複製「Z」的圖片

將圖中的「Z」改成「Y」。

圖 5-16 把「Z」改成「Y」

這時按〔Ctrl〕+〔Z〕，剛才輸入的文字會從「Y」變回「Z」，按〔Esc〕結束打字後，會像圖 5-17 一樣回到一開始的狀態。

〔Ctrl〕+〔Z〕

⬇

〔Esc〕

⬇

圖 5-17　變回「**Z**」了

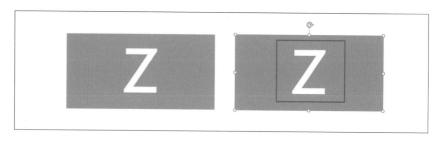

在這個狀態下按〔Ctrl〕＋〔Y〕則會取消復原，文字會再變成「Y」。

〔Ctrl〕＋〔Y〕

圖 5-18　取消復原，文字又變成「**Y**」了

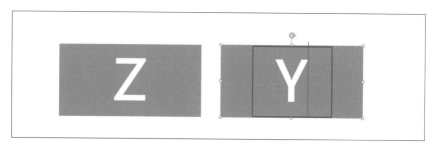

　　由此可見，〔Ctrl〕＋〔Z〕和〔Ctrl〕＋〔Y〕可以復原及重複操作，而且它們適用各種程式，唯一要注意的地方是部分操作無法復原，例如新增、刪除 Excel 的工作表，或是在 Excel、PowerPoint 的〔檔案〕索引標籤→〔選項〕中更改的設定。

7 全選

SECTION

用「All」的「A」選擇全部

〔Ctrl〕+〔A〕會根據游標在最上層視窗裡的位置選擇全部,請用「All」的「A」來記。

可以用這個快速鍵選擇的「全部」會因為程式或當下游標(選取)的位置有所差異。例如在 Word 的文件中,無論游標停在哪裡,按〔Ctrl〕+〔A〕都可以選擇整份文件。在 PowerPoint 的標準模式選擇縮圖顯示區的任一投影片,按〔Ctrl〕+〔A〕會選擇所有投影片;若是在新增、編輯投影片時按〔Ctrl〕+〔A〕,則可以選取投影片上的所有物件(如圖案、文字方塊等等)。

此外,在 Excel,這個鍵能選擇的範圍會根據資料輸入的位置或選取的儲存格發生變化。舉例來說,點擊表格中的儲存格,按一次〔Ctrl〕+〔A〕會選擇表格,再按一次可以選擇整個工作表;而要是工作表中沒有表格,只要

按一次就能選擇工作表。以下是在空白工作表中點擊任一儲存格，按〔Ctrl〕
＋〔A〕的示意圖。

圖 5-19 **在空白工作表中隨便選一個儲存格**

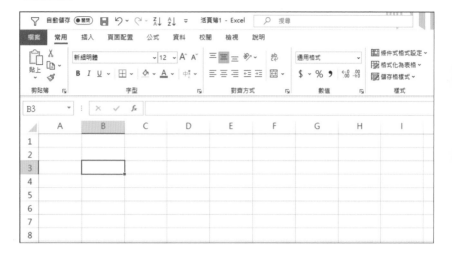

〔Ctrl〕＋〔A〕

圖 5-20 **可以選擇整個工作表**

8

SECTION

開啟新視窗（項目）

建立新的工作表、投影片、文件或郵件

在程式中開啟新視窗要按〔Ctrl〕＋〔N〕，請記得「N」是「New Item」的「N」。當你在最上層的程式開啟新視窗或新項目時，這個鍵就會派上用場。

按〔Ctrl〕＋〔N〕出現的視窗會因程式而異。

例如在 PowerPoint 按〔Ctrl〕＋〔N〕會在畫面最上層開啟新的簡報，原本的簡報也會繼續留在另一個視窗。

圖 5-21 正在編輯投影片時

（Ctrl）＋（N）

圖 5-22 開啟新的簡報

在 Excel 和 Word 也一樣，按〔Ctrl〕＋〔N〕可以開啟新活頁簿或新文件，而在瀏覽器則會開啟另一個瀏覽器視窗。

上述列舉的都是開啟程式本身，但是在 Outlook 卻不太一樣。Outlook 的郵件頁面按〔Ctrl〕＋〔N〕會開啟一份新郵件。

圖 5-23 在 **Outlook** 開啟收件匣

〔Ctrl〕＋〔N〕

圖 5-24 出現編輯新郵件的視窗

在 Outlook 的行事曆頁面按〔Ctrl〕+〔N〕則會開啟新增約會的視窗。

圖 5-25 開啟 Outlook 的行事曆

〔Ctrl〕+〔N〕

圖 5-26 出現新增約會的視窗

顯示桌面

一次將所有開啟的視窗最小化

Windows

如果正在用 Excel 的時候突然需要開啟桌面上的資料夾，你會怎麼做？也許是用滑鼠點擊右上角的最小化按鈕回到桌面再雙擊資料夾吧？可是萬一除了 Excel 之外，你還開著 Word、PowerPoint 和 Outlook，這個方法必須重複好幾次把視窗縮到最小的動作，會浪費很多時間。

遇到這種情況，請你利用在同時開著好幾個視窗的情況下也能直接顯示桌面的〔Windows〕＋〔D〕；請記得「D」是「Desktop」（桌面）的「D」。

要是用〔Windows〕＋〔D〕顯示桌面後想再回到原本的視窗，請再按一次同樣的鍵，這比點擊工作列上的圖示更省事。話說回來，我們用〔Windows〕＋〔D〕顯示桌面的目的是要使用上面的檔案或資料夾，因此我要再介紹一個可以在顯示桌面後迅速選取檔案或資料夾的方法。如果檔案或資料夾是以半形英數字（鍵盤上的英文和數字）命名，只要在半形模式下輸入檔名的開頭或前幾個字。以圖 5-27 為例，在顯示桌面後按〔M〕，便能選擇「M_memo」資料夾。

按〔Windows〕＋〔D〕顯示桌面

〔M〕　※無法選取的話請先按〔Esc〕

圖 5-27　選取「M」開頭的資料夾了

選好後按〔Enter〕即可打開檔案或資料夾；要是桌面上有程式的圖示，可以用同樣的方式比照辦理。

開啟檔案總管

開啟檔案總管

Windows

　　同時按住〔Windows〕和「Explorer」的字首〔E〕會開啟檔案總管,用這個快速鍵打開檔案總管以後,請用上下鍵選取檔案或資料夾。

〔Windows〕+〔E〕

圖 5-28 開啟檔案總管

圖 5-29 用上下鍵選擇資料夾

選好你要的檔案或資料夾後，請按〔Enter〕開啟它們。

如果想選擇左側瀏覽窗格的「OneDrive」或「本機」，請多按幾下〔Tab〕移動到瀏覽窗格內的選項（如「快速存取」等）啟動這個區域，再用上下鍵進行選取。

啟動「執行」

SECTION

能夠直接開啟程式或檔案的方便小技巧

Windows

按〔Windows〕和〔R〕會開啟「執行」視窗。

〔Windows〕＋〔R〕

圖 5-30 開啟「執行」視窗

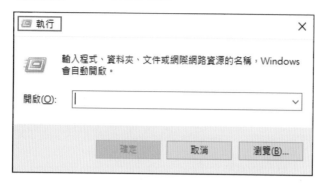

在視窗的「開啟」欄輸入程式名稱、資料夾（檔案）路徑或網址再按〔Enter〕，便能啟動程式、開啟資料夾（檔案）的儲存位置或網頁。

圖 5-32 要開啟的是儲存在使用者桌面的「M_memo」資料夾。

圖 5-31 輸入資料夾的路徑

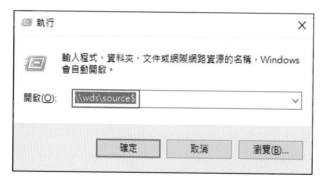

〔Enter〕

圖 5-32 打開資料夾了

	名稱	日期	類型
> ★ 快速存取	📁 封存	2022/9/12 下午 04:20	檔案資料夾
> ☁ OneDrive - Personal	📄 63-1	2022/9/6 下午 06:12	TIF 檔案
> 💻 本機	📄 2022-09-06_165631	2022/9/6 下午 04:56	TIF 檔案
	📄 2022-09-06_174551	2022/9/6 下午 05:45	TIF 檔案
> 📁 網路	📄 2022-09-06_181025	2022/9/6 下午 06:10	TIF 檔案
	📄 2022-09-06_181057	2022/9/6 下午 06:10	TIF 檔案
	📄 2022-09-06_182957	2022/9/6 下午 06:29	TIF 檔案
	📄 2022-09-06_183138	2022/9/6 下午 06:31	TIF 檔案

看到這裡，也許有人會覺得「輸入資料夾的路徑好像很難」，但是在「執行」的「開啟」欄輸入過的路徑會留下紀錄，所以**只要曾經輸入一次，以後這些紀錄就會出現在「開啟」欄裡**。如圖 5-33，展開及選擇紀錄的方法請參考 P.183。

圖 5-33 「開啟」欄會留下紀錄

話說回來，搞不好也有人根本不知道一開始要輸入的路徑是什麼。請放心，複製檔案或資料夾路徑的方法在第六章的「6 複製資料夾或檔案的路徑」（P.172）。只要把複製的路徑貼到「執行」視窗的「開啟」欄，按〔Enter〕啟動過一次，之後就可以直接透過紀錄開啟它們。

至於應用的部分，我們也能利用「執行」來指定開機時啟動的程式。應該有很多人在進到公司、按下開機鍵啟動 Windows 的下一步，是打開收發郵件或傳送訊息的通訊軟體吧！

　　這種例行化的操作才最該交給電腦節省時間。Windows 有內建一種功能：只要把程式捷徑放進「啟動」資料夾，就可以讓該程式在開機的同時自動開啟。而這個資料夾也可以透過「執行」視窗輕鬆打開，做法如下：

　　請按（Windows）＋（R）開啟「執行」視窗，在「開啟」欄輸入「shell:startup」並按（Enter）。

圖 5-34 輸入「**shell:startup**」

（Enter）

圖 5-35 打開「啟動」資料夾

畫面上會跳出「啟動」資料夾。接著請按〔Windows〕打開開始功能表，把通訊軟體拖放到資料夾內。

圖 5-36 從開始功能表把程式拖過來

圖 5-37 把程式放進「啟動」資料夾了

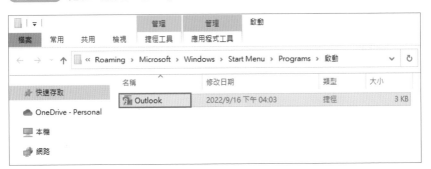

通訊軟體（圖 5-37 以 Outlook 為例）的捷徑會被存入「啟動」資料夾，下次開機時，通訊軟體就會自動啟動了。除了通訊軟體，也可以是 Excel 或 Word，配合工作內容把程式捷徑存在「啟動」資料夾，便能省下每天早上啟動它們的時間。

COLUMN　為什麼多數組織不重視快速鍵與鍵盤的學習？

由於製造業所占的比例很高，日本是一個非常重視改善的國家，甚至因此讓「KAIZEN」一詞成為世界共通的語言。為了不浪費任何一秒，生產部門總是不斷進行各種系統性的改善。

儘管也有很多同樣重視改善的內勤部門，但我卻從沒見過他們把具有高即效性的快速鍵學習當成一回事。

換言之，「快速鍵」即「高生產力的操作」，因此不重視快速鍵等於容許組織整體採用低生產力的操作。為什麼會這樣呢？

就我個人的結論而言，原因有二，分別是「①認為沒有方法可以計算能力高低」和「②誤將快速鍵視為一種超凡的能力」。

①其實只要計算學會幾個快速鍵就夠了；至於②，如果將「只要從鍵盤開始按部就班地學，每個人都可以融會貫通」這句話用比較委婉的方式告訴高齡層員工，我想應該能夠漸漸改變他們的想法。大家要不要也拉著身邊的人一起挑戰「提升組織的生產力」呢？

12
SECTION

搜尋

　搜尋要按〔Ctrl〕＋〔F〕，可以用「Find」（尋找）的「F」來記。這個快速鍵可用於 Excel、PowerPoint、Word 和瀏覽器等各種程式，但只有 Outlook 把〔Ctrl〕＋〔F〕分配給「傳送」功能，要按〔Ctrl〕＋〔E〕才是搜尋；而檔案總管則是兩者皆可。

　我們試著用 Chrome 搜尋網頁上的內容吧！按〔Ctrl〕＋〔F〕會顯示搜尋方塊。

（Ctrl）＋（F）

圖 5-38 出現搜尋方塊

輸入想搜尋的文字再按〔Enter〕，符合的結果會有醒目標示。圖5-39是搜尋「Google」的結果，網頁上所有的「Google」都被特別標出來了。

圖 5-39 「**Google**」的文字出現醒目標示

在 Excel 按〔Ctrl〕＋〔F〕會顯示「尋找及取代」視窗的「尋找」分頁，而 PowerPoint 也會出現類似的「尋找」視窗。

〔Ctrl〕＋〔F〕

圖 5-40　**Excel 會打開「尋找及取代」的「尋找」分頁**

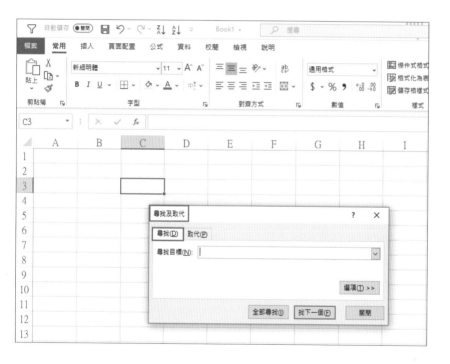

在檔案總管按〔Ctrl〕＋〔F〕或〔Ctrl〕＋〔E〕會出現搜尋方塊，可以輸入檔案或資料夾的全名或部分名稱按〔Enter〕搜尋。

〔Ctrl〕＋〔F〕或〔Ctrl〕＋〔E〕

圖 5-41 游標會移動到搜尋方塊

13
SECTION

儲存檔案

儲存最新的資料

　應該有很多人習慣在工作中頻繁存檔以防程式或電腦突然當機。存檔的最短路徑是〔Ctrl〕＋〔S〕，「S」是「Save」（儲存）的字首。有些程式或版本在按下〔Ctrl〕＋〔S〕之後也看不出任何變化，但最新版的 Excel 和 PowerPoint 等 Office 軟體會在標題列顯示「已儲存」或「已儲存到這台電腦」等文字，請你把這些文字當成指標，沒看到文字時就按〔Ctrl〕＋〔S〕存檔。若想用不一樣的檔名儲存，而非直接存檔，可以按〔F12〕叫出「另存新檔」的視窗。〔F12〕的用法在 P.55。

14 SECTION

對齊文字

靠左、置中或靠右對齊

　　我們在製作文件或投影片時需要會調整文字的位置，讓它們往左右兩側或置中對齊，這個動作也可以用快速鍵執行，記法跟棒球一樣分成左（Left）、中（Center）、右（Right）。同時按〔Ctrl〕和「Right」的「R」是靠右對齊，「Left」的「L」則是靠左對齊；本來想說第三種的置中對齊要按「Center」的「C」，但〔Ctrl〕＋〔C〕已經被分配給「複製」功能，這裡沒辦法用，所以改成按「cEnter」的第二個字母「E」讓文字置中。

　　此外，可以用這些快速鍵的程式包含 Outlook、Word 和 PowerPoint，Excel 則不適用。

至於用法的部分，首先請將游標放在要調整的段落上，接著按〔**Ctrl**〕＋〔**E**〕（靠左按〔Ctrl〕＋〔L〕，靠右按〔Ctrl〕＋〔R〕）讓文字置中（或靠左、靠右）對齊。

〔**Ctrl**〕＋〔**E**〕

圖 5-42 **文字置中對齊了**

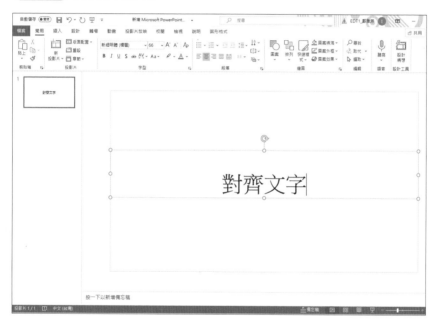

　在 Outlook 和 PowerPoint 按〔**Ctrl**〕＋〔**L**〕、〔**Ctrl**〕＋〔**E**〕和〔**Ctrl**〕＋〔**R**〕只能讓文字靠左、置中或靠右對齊；但是它們在 Word 還可以解除對齊，假如把游標放在置中對齊的段落上按〔**Ctrl**〕＋〔**E**〕，這個段落的文字就會變回預設的左右對齊（看起來和靠左對齊一樣）。

　不過，當 Word 使用「文字貼齊字元格線」的版面設定時，因為無法調整對齊方式，就算按了快速鍵也毫無反應。如果想讓文字置中對齊，請先調整文件的版面設定。

15

SECTION

清除格式

統一亂七八糟的文字格式

空白鍵

ctrl +

調整文字的字型、顏色和尺寸可能會讓郵件、文件或投影片裡的格式亂成一團，導致我們經常需要將它們恢復原狀。清除改過的文字格式（即還原成預設值）要按〔Ctrl〕＋〔空白鍵〕，選取想調整的範圍並按下這個鍵，範圍裡的所有格式就會變回預設值。我們用 Outlook 的新郵件來試試看。如次頁圖 5-43 所示，這封郵件裡同時存在不同顏色、大小和被設定成粗體的文字，請你將格式混雜的範圍選起來按〔Ctrl〕＋〔空白鍵〕。

圖 5-43 選取格式不一的範圍

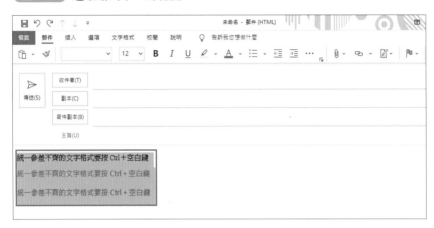

〔Ctrl〕＋〔空白鍵〕

圖 5-44 統一成預設值了

　　範圍內的文字會變回預設值，顏色不再有藍有綠，粗體的設定被清除，字體大小也統一了。

　　雖說按〔Ctrl〕＋〔空白鍵〕可以將文字格式還原成預設值，但所謂的「預設值」會因程式而異，還會根據使用者的設定發生變化。PowerPoint 的投影

片就是一個具有代表性的例子。製作投影片要設定布景主題，而字型或字體的大小、顏色都會隨著主題改變；按下〔Ctrl〕＋〔空白鍵〕後，個別設定的格式會被清除，變回主題的字型；在這種情況下，我們將主題本來的文字格式稱為「預設值」。

另外，在 Outlook 開啟〔檔案〕索引標籤，選擇〔選項〕，在視窗的左邊選擇〔郵件〕後，右邊會有一個〔信箋和字型〕的按鈕。點擊它並從接著出現的視窗點擊「新郵件訊息」的〔字型〕按鈕，畫面上會開啟「字型」視窗的「字型」索引標籤，可以從「預覽」確認文字的預設值，或透過「大小」、「字型色彩」等欄位進行變更。

複製＆貼上格式

善用格式提高效率

　　這個快速鍵的功能是將格式複製到其他文章或如圖 5-45 所示的物件，主要適用於 PowerPoint、Outlook 和 Word。**記得把複製／貼上的〔Ctrl〕＋〔C〕和〔Ctrl〕＋〔V〕再加上〔Shift〕，就可以切換成複製格式了。**

　　複製格式的第一步是選取想複製的圖片、文字或段落，接著按〔Ctrl〕＋〔Shift〕＋〔C〕複製格式。

圖 5-45 選擇欲複製格式的圖片

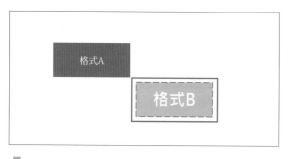

〔Ctrl〕＋〔Shift〕＋〔C〕

選擇要貼上的圖片按〔Ctrl〕＋〔Shift〕＋〔V〕

圖 5-46 文字內容不變，只貼上文字格式

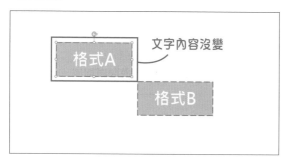

　　接著選擇想貼上格式的圖片或文字按〔Ctrl〕＋〔Shift〕＋〔V〕就完成了。圖 5-46 複製了圖片和文字的顏色以及文字大小。

　　話說回來，格式包含字型、顏色、粗體等字型格式以及置中對齊等段落格式，圖 5-46 以圖片的格式為例，若在 Word、PowerPoint 或者 Outlook 的新郵件選擇文字按〔Ctrl〕＋〔Shift〕＋〔C〕，再選擇另一段文字按〔Ctrl〕＋〔Shift〕＋〔V〕，則會同時貼上字型格式與段落格式。

切換分頁

認識〔Tab〕鍵上的「→」和「←」

　　某些用來設定或操作程式的視窗（即附屬視窗）上方會有可以切換的標籤，例如網路瀏覽器的分頁、Excel的「設定儲存格格式」或Word的「段落」等等。Excel的「設定儲存格格式」視窗有〔數值〕、〔對齊方式〕、〔字型〕、〔外框〕、〔填滿〕及〔保護〕這六個索引標籤，點擊它們會顯示不同的設定項目。

　　點擊附屬視窗的標籤可以按〔Ctrl〕＋〔Tab〕，按下這個鍵會打開右邊的標籤，每按一次就往右移動一格。

　　圖5-47開啟的是〔數值〕索引標籤，在這個狀態下按〔Ctrl〕＋〔Tab〕會打開右邊的〔對齊方式〕。

圖 5-47 索引標籤的〔數值〕是打開的

（Ctrl）+（Tab）

圖 5-48 變成〔對齊方式〕了

這時繼續按〔Ctrl〕＋〔Tab〕，選取的標籤會逐項右移，按一次移動到〔字型〕，再按一次移動到〔外框〕。

在這裡，我想請你回想印在〔Tab〕上的箭頭記號。〔Tab〕的一樓是右箭頭，按〔Ctrl〕＋〔Tab〕會移動到右邊的標籤是因為使用了這個功能；〔Tab〕的二樓則是左箭頭，代表往左移動的功能。前面有說想用二樓的功能要搭配〔Shift〕（參考 P.23）。**在「設定儲存格格式」等附屬視窗按〔Ctrl〕＋〔Shift〕＋〔Tab〕會打開左邊的索引標籤。**

標籤或分頁的英文都是「Tab」，除了程式的附屬視窗之外，在 Chrome、Edge 等網路瀏覽器裡也有它們，而且同樣能用〔Ctrl〕＋〔Tab〕或〔Ctrl〕＋〔Shift〕＋〔Tab〕打開右邊或左邊的分頁。以下是用 Chrome 打開右邊分頁的示意圖，顯示的分頁從「Chrome」變成「天氣－ Google 搜尋」了。

圖 5-49 **Chrome 顯示最左邊的分頁**

〔 Ctrl 〕＋〔 Tab 〕

圖 5-50 移動到右邊的分頁，顯示「天氣－ Google 搜尋」

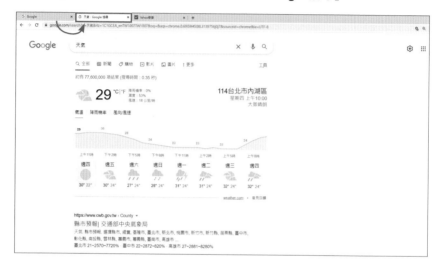

18
SECTION

擷取指定範圍的畫面

使用 Windows 10 的「剪取與繪圖」功能

Windows

■ + **shift** + **S**

　擷取正在顯示的螢幕畫面一般會按〔PrtSc〕，但 Windows 10 以後的作業系統只要**按〔Windows〕+〔Shift〕+〔S〕，就能啟動「剪取與繪圖」程式，擷取任意範圍的畫面。**擷取（剪取）範圍有〔長方形剪取〕、〔手繪多邊形剪取〕、〔視窗剪取〕和〔全螢幕剪取〕可以選擇，譬如選擇〔長方形剪取〕，用滑鼠在畫面上拖放，就能任意擷取（剪取）長方形的圖片。

　用這種方法截取的圖片可以按〔Ctrl〕+〔V〕貼到郵件、文件或投影片上。

我們試著用「擷取部分網頁並貼進郵件」的操作來舉例。

將要截取的視窗移動到最上層,按〔Windows〕+〔Shift〕+〔S〕。

〔Windows〕+〔Shift〕+〔S〕

圖 5-51 可以透過拖放指定範圍截圖

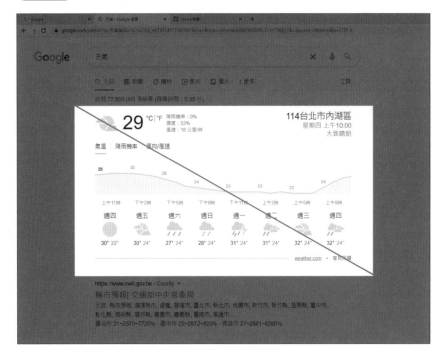

拖放選取的範圍會被複製到剪貼簿,打開郵件或文件,按〔Ctrl〕+〔V〕
貼上。

〔 Ctrl 〕 ＋ 〔 V 〕

圖 5-52 截取的範圍被貼在郵件裡了

此外，完成拖放的當下會出現「儲存到剪貼簿的剪取」通知，也可以點擊這裡啟動「剪取與繪圖」，儲存剛才截取的圖片。

※ 有些公司可能會基於安全性考量停用截取電腦螢幕的快速鍵。

開啟&關閉功能區

SECTION 19

關閉功能區，擴大可用空間

Outlook、Excel 和 PowerPoint 上方有一個叫作「功能區」的區域，用來操作程式的按鈕都在這裡。功能區被設計成用滑鼠操作很容易找到各種功能，只需要一個點擊就能立刻執行；可是改成鍵盤操作之後，功能區的使用率會大幅降低。**既然用不到，平常就將它隱藏起來，有需要時再打開，畫面上便會因此多出三公分左右的可用空間。**

功能區的開關可以用〔Ctrl〕＋〔F1〕進行切換，在開著的狀態下按〔Ctrl〕＋〔F1〕會隱藏功能區，在隱藏時按〔Ctrl〕＋〔F1〕則可以重新開啟。

圖 5-53 開啟功能區，可用空間會比較窄

↓

（Ctrl）＋（F1）

↓

圖 5-54 多出一個功能區的空間

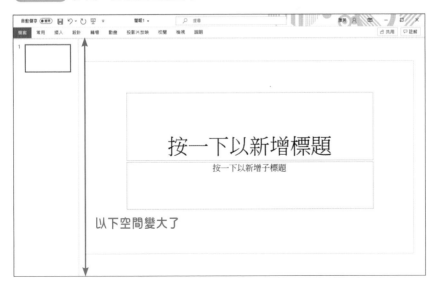

功能區隱藏後，顯示〔檔案〕等索引標籤以及更上面的快速存取工具列和標題的區域會繼續留著，如果連這些也用不到了，請加上〔Shift〕，按〔Ctrl〕＋〔Shift〕＋〔F1〕。索引標籤和快速存取工具列也是可以被隱藏的。

〔Ctrl〕＋〔Shift〕＋〔F1〕

〔圖 5-55〕 讓整個畫面都是投影片

　　〔Ctrl〕＋〔Shift〕＋〔F1〕除了隱藏程式上方的區域，也會隱藏底部的狀態欄。我在用 Excel 或 PowerPoint 進行簡報時，經常會用這個方法顯示螢幕。

　　功能區和索引標籤等的開關設定會繼續套用在新開啟的郵件、活頁簿或簡報，例如在隱藏功能區的狀態下關閉 Excel 活頁簿，下次啟動時，功能區還是會繼續隱藏。

練習

只用鍵盤將檔案存到桌面

開啟「另存新檔」的視窗存檔

請你利用目前學到的快速鍵，打開 Excel、Word 或 PowerPoint，將檔案命名並儲存到桌面上。

前面教過，啟動程式要在按〔Windows〕之後，輸入程式名稱的開頭進行搜尋，你記起來了嗎？這裡我們要用 Excel 來示範，所以請輸入字首的「E」。

〔Windows〕

圖 5-56 打開開始功能表

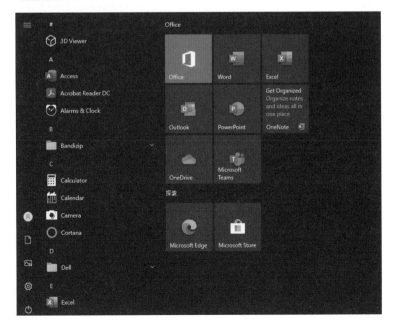

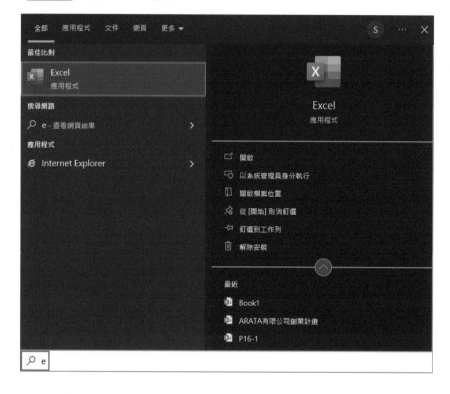

（E）

圖 5-57 選擇「**Excel**」按〔**Enter**〕

全部　應用程式　文件　網頁　更多 ▼　　　　　　　　　　　S　…　✕

最佳比對

［x］　Excel
　　　應用程式

搜尋網路

🔎　e - 查看網頁結果　　　　　　　　　　　　＞

應用程式

ℯ　Internet Explorer　　　　　　　　　　　＞

Excel
應用程式

□' 開啟

□ 以系統管理員身分執行

▯ 開啟檔案位置

⚲ 從 [開始] 取消釘選

📌 釘選到工作列

🗑 解除安裝

最近

📄 Book1

📄 ARATA有限公司創業計畫

📄 P16-1

🔎 e

　　畫面上會列出所有「E」開頭的程式，請用方向鍵選擇「Excel」，按
〔Enter〕啟動，確認選取框停在「空白活頁簿」後再按〔Enter〕打開工作表。
接著是存檔的操作，按〔F12〕會開啟「另存新檔」的視窗。

（F12）

圖 5-58 開啟「另存新檔」視窗

圖 5-58 開啟「另存新檔」視窗

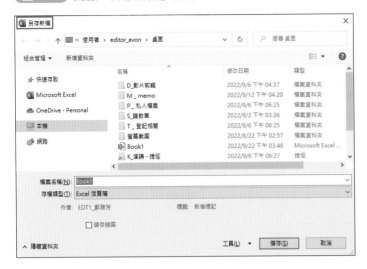

多按幾次〔Alt〕＋〔↑〕讓儲存位置變成〔桌面〕，接著在「檔案名稱」欄隨便輸入一個名稱再按〔Enter〕，就可以把活頁簿直接存到桌面了。圖 5-59 將被命名為「memo」的 Excel 活頁簿儲存在桌面上。

圖 5-59 儲存位置變成桌面後，輸入檔名

無論在 Excel、PowerPoint 還是 Word，打開「另存新檔」視窗和指定桌面為儲存位置的方法都是一樣的。

COLUMN　檔案的命名方式

　　檔案的命名方式很容易反映出組織習慣或個人風格，最常見的一種應該是在開頭打上「20200706」這種日期或編號吧？

　　我在為常用的檔案命名時，會用半形英數字作為開頭，原因正如我在第五章的〈9 顯示桌面〉所述，在 Windows 作業系統，若檔名的第一個字是半形英數字，只要輸入字首就能選擇名稱也是同一個字開頭的檔案。舉例來說，假設桌面上有一個檔案叫作「memo」，只要顯示桌面再按一下〔M〕，選取框就會停在「M」（「m」）開頭的檔案上。

　　那萬一檔名是中文的話該怎麼辦呢？這樣沒辦法只按一個鍵搜尋，可是和臺灣客戶有關的檔案，你大概還是會傾向用中文命名；假如有一個叫作「森株式會社」的客戶，你應該會想把檔案取名為「森株式會社＿估價」之類的！但這樣必須先選字（輸入注音「ㄙㄣ」→「森」）才能選擇檔案，用起來很不方便。遇到這種情況時，我建議在檔名開頭輸入半形英數字，例如「M＿森株式會社」，這樣就能用〔M〕來搜尋檔案了。

　　以上是關於檔名的說明，資料夾也可以比照辦理。

第 **6** 章

靠「雙手快速鍵」
實現「少用滑鼠」

右手準備離開滑鼠

SECTION 1

複習起始位置

到目前為止,我們介紹了只有一個鍵和以左手為主的快速鍵,操作方法是用右手握著滑鼠,在必要時鍵盤、滑鼠雙管齊下。

從本章開始,我們即將進入把右手也放到鍵盤、不用滑鼠的純按鍵操作。請你先試著把右手放到鍵盤上,並回想快速鍵的起始位置:右手要放在方向鍵的地方,而左手則要將手指放在〔Ctrl〕、〔Windows〕和〔Alt〕附近。

圖 6-1　**快速鍵的起始位置**

調整視窗大小的快速鍵

2
SECTION

只用鍵盤就能讓視窗左右並排

Windows ＋ 上下左右方向鍵

　　最上層的視窗可以用〔Windows〕和上下左右方向鍵調整大小。首先請按〔Windows〕＋〔→〕，最上層的視窗會變成螢幕的一半並靠右對齊。

圖 6-2 **Excel 的視窗以最大化顯示**

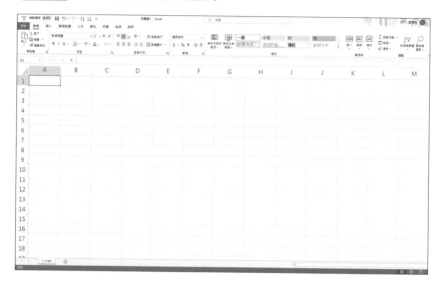

〔 **Windows** 〕＋〔→〕

圖 6-3 **視窗縮到螢幕的右半邊**

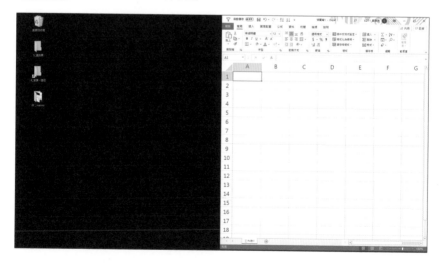

如圖 6-3，最大化的 Excel 視窗縮到螢幕的右半邊，左半邊露出了桌面。

在 Windows 10，若在開啟多個視窗的狀態下按〔Windows〕＋〔→〕，最上層的視窗會移動到右半邊，並在放開按鍵的同時將其他視窗的縮圖顯示在左半邊。

圖 6-4 還能選擇要放在左半邊的視窗

當出現圖 6-4 的畫面之後，只要用方向鍵選擇視窗再按〔Enter〕，就能讓它顯示在螢幕左半邊；這在執行像把 Excel 表格複製到 PowerPoint 投影片這種跨視窗操作時非常方便。

以上是關於〔Windows〕＋〔→〕的介紹。而〔Windows〕＋〔←〕也一樣，按下這個鍵之後，最上層的視窗會移動到螢幕左半邊。

那要是按〔Windows〕＋〔↑〕會發生什麼事情呢？這個快速鍵具有兩種功能。

一種是當最上層的視窗沒有放到最大時，可以用〔Windows〕＋〔↑〕讓它最大化。

另一種是當最上層的視窗顯示在螢幕左半邊或右半邊時，按〔Windows〕＋〔↑〕會縮小成四分之一。

圖 6-5 視窗占據了半邊螢幕

〔Windows〕＋〔↑〕

圖 6-6 大小變成螢幕的四分之一了

　　如果對像圖 6-6 中縮成四分之一的視窗按〔Windows〕＋〔↑〕，則會
將視窗最大化。

3
SECTION

同時選取多個項目的按鍵操作

用按鍵選擇不連續的檔案

上下方向鍵 　　　　　　　　空白鍵

ctrl + ∧ ∨ +

　　例如同時複製、移動或壓縮好幾個檔案時，我們需要打開檔案總管選擇多個檔案。一個以上的檔案可以用〔Ctrl〕搭配滑鼠點擊選取，應該也有人是用這個方法吧！

　　讓我們試著用鍵盤來完成所有操作。請按〔Windows〕＋〔E〕開啟檔案總管，打開你要的資料夾，這時可以用上下方向鍵進行選取，所以用方向鍵移動到第一個檔案按〔Ctrl〕即可。後續操作請繼續按著〔Ctrl〕不放。

圖 6-7 選取第一個檔案，〔Ctrl〕繼續按著不放

接著**請不要放開**〔Ctrl〕，**用上下鍵移動到第二個檔案，按**〔空白鍵〕**，這樣就選好第二個檔案了**。「按住〔Ctrl〕→用上下鍵移動→按〔空白鍵〕」，重複這個操作可以繼續選擇更多檔案。

圖 6-8 可以選取多個檔案

解除選取也能用同樣的方法操作。請按住〔Ctrl〕，用上下鍵移動到選取中的檔案再按〔空白鍵〕，這樣就解除了。

〔Ctrl〕＋〔空白鍵〕

圖 6-9　解除選取了

　　以上說明以檔案為例，選擇資料夾也可以比照辦理。

　　而且「按住〔Ctrl〕→用上下鍵移動→按〔空白鍵〕」除了檔案或資料夾之外，還能用在 Outlook 選取一封以上的郵件。

調整字型大小

按〔<〕縮小，按〔>〕放大

調整文字大小一般會從「字型大小」的欄位進行選擇，但是這個操作也可以只用鍵盤，主要會用到的地方是在 Word、PowerPoint 和 Outlook。調整文字大小的第一步是選取文字，請把游標放到範圍的最前面（最左邊）按〔Shift〕＋〔→〕，也可以從最後面按〔Shift〕＋〔←〕，選好後按〔Ctrl〕＋〔Shift〕＋〔>〕，每按一次，文字就會跟著放大。

※ 正確標記應為〔·〕，但本書為方便閱讀改用〔>〕。

圖 6-10 選取 **48pt** 的文字

多按幾次〔Ctrl〕+〔Shift〕+〔＞〕

圖 6-11 變成 **66pt** 了

想縮小文字的話，請在選擇範圍後按〔Ctrl〕＋〔Shift〕＋〔＜〕。

圖 6-12 選取 **48pt** 的文字

〔Ctrl〕＋〔Shift〕＋〔＜〕

圖 6-13 變成 **36pt** 了

不論是放大還是縮小，文字的尺寸變化都會遵循「字型大小」欄的數字（pt）。以圖6-13中使用的「微軟正黑體」為例，「48」放大會依序變成「54」、「60」，縮小則是「44」、「40」、「36」、「32」。

　　「上網查不就好了嗎？」這是我在撰寫本書時，很多人對我說過的話。上網搜尋快速鍵有兩個缺點：「①不知道的東西無從查起」，「②不適合循序漸進的學習方式」。

　　以下將個別說明這些缺點。關於①的部分，舉例來說，如果知道有快速鍵可以擷取特定畫面，便能透過搜尋獲取相關資訊；但假如觀念本來就是錯的，以為這種快速鍵不存在的話，就只能繼續用一般的快速鍵截圖再另行加工。要破壞已經深植心中的錯誤觀念來搜尋並容易。

　　至於②，雖說這也是網路的優點，但用它得到結論的速度非常快，中間少了「為什麼會變成這樣」的說明，所以很容易變成死背型學習。正因為「少用滑鼠」是一種終身受用的技能，我抱著希望大家能一步一腳印扎實累積所學的期盼寫下本書。

5

SECTION

選擇性貼上

選擇要用什麼方式貼上「圖片」或「物件」

　　有時候，我們會需要選擇性貼上複製好的文字、圖表或圖案。舉例來說，要把 Excel 製成的表格貼到 PowerPoint 的投影片時，選擇以「圖片」貼上不僅能直接套用 Excel 的格式，還不用擔心其他人不小心改掉內容；另一方面，貼成「Microsoft Excel 工作表物件」則可以比照 Excel 的方式進行編輯，之後修改數值會比較方便。

　　像這樣因應目的或情況指定貼上方式要用到「選擇性貼上」視窗，開啟它的快速鍵是〔Ctrl〕+〔Alt〕+〔V〕。以下將以「把 Excel 表格複製、貼上到 PowerPoint 投影片」的假設情境說明做法。

選擇 Excel 中的表格按〔Ctrl〕＋〔C〕複製，接著選擇要貼上的 PowerPoint 投影片按〔Ctrl〕＋〔Alt〕＋〔V〕；需要搭配〔Alt〕是它與一般貼上（〔Ctrl〕＋〔V〕）的不同之處。

〔Ctrl〕＋〔Alt〕＋〔V〕

圖 6-14 出現「選擇性貼上」的視窗

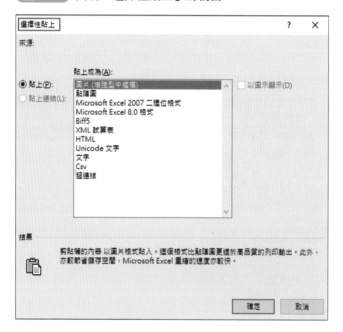

這時會跳出「選擇性貼上」的視窗，按〔Tab〕移動到「形式」欄後，再用上下鍵進行選擇；欄位中的選項會根據複製的內容（文字、圖片等）和貼到哪裡有所不同。

〔Tab〕

圖 6-15 用方向鍵選擇用哪個形式貼上

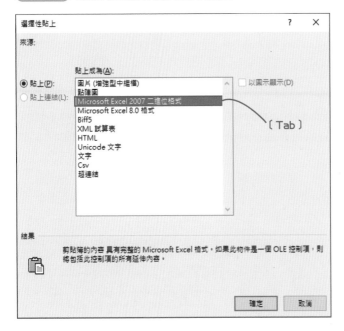

圖 6-15 選擇的是「Microsoft Excel 2007 二進位格式」。接著再按〔**Enter**〕就大功告成了。

6

SECTION

複製資料夾或檔案的路徑

開啟包含「複製路徑」的選單

選單鍵

shift + 🗐

　便於記錄檔案或資料夾存放位置的功能是複製路徑。**當我們想把存在共用硬碟的檔案位置告訴其他人時，知道這個操作會有很大的幫助。**

　複製路徑首先要從檔案總管選擇檔案或資料夾，然後按住〔Shift〕再按〔選單鍵〕。由於〔選單鍵〕上只有圖案，沒有文字，請用上圖的鍵盤作為參考。

圖 6-16 選擇〔複製路徑〕按〔Enter〕

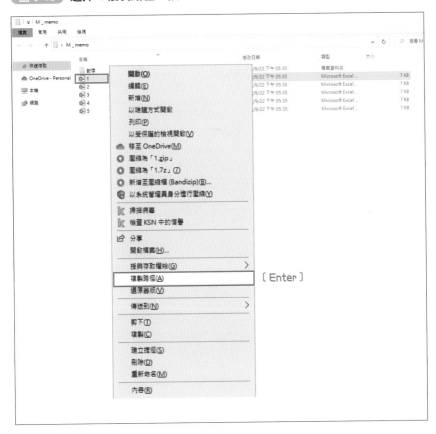

跳出來的選單會比平常多幾個選項，〔複製路徑〕在選單靠近中間的地方，請用方向鍵選擇再按〔Enter〕，這樣就複製好了。順帶一提，在某些作業系統，選單裡的文字可能會變成〔複製為路徑〕。

最後只要打開要貼上的程式按〔Ctrl〕＋〔V〕即可。圖 6-17 貼在 Outlook 的郵件本文。

〔Ctrl〕＋〔V〕

圖 6-17 在郵件中貼上路徑

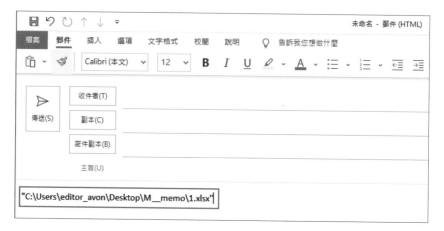

此外，有的電腦可能沒有〔選單鍵〕，遇到這種情況可以按〔Shift〕＋〔F10〕代替，開啟一樣的選單。

插入超連結

透過點擊滑鼠的方式開啟檔案或資料夾

　　我們在上一節複製、貼上了檔案和資料夾的路徑，因為可以知道它們的位置，所以光是這樣就很方便了；但如果像本節一樣，設定成在點擊文字之後，檔案總管會開啟它們的儲存位置的話，使用效果將會有更進一步的提升。為了實現這個目標，我們要在複製路徑後打開「插入超連結」視窗，開啟這個視窗請按〔Ctrl〕＋〔K〕。

　　首先請選擇想要的檔案或資料夾，按〔Shift〕＋〔選單鍵〕，選擇〔複製路徑〕。接著在 Excel、PowerPoint 或 Outlook 等等選取要設定成超連結的文字或儲存格按〔Ctrl〕＋〔K〕。

圖 6-18 選取要設定連結的文字

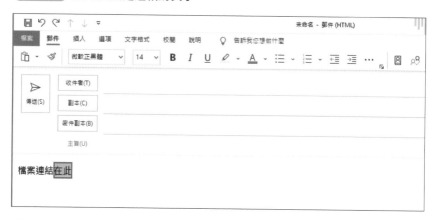

〔Ctrl〕＋〔K〕

圖 6-19 確認「要顯示的文字」並貼上路徑

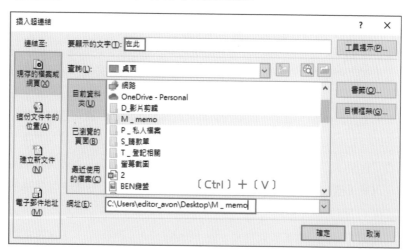

　　此時會出現「插入超連結」的視窗，請確認「要顯示的文字」欄有你剛才選取的文字。接著，確定游標停在「網址」欄後按〔Ctrl〕＋〔V〕，貼上複製的路徑，然後再按〔Enter〕。

〔Ctrl〕+〔V〕

⬇

〔Enter〕

⬇

圖 6-20 文字被設定成超連結了

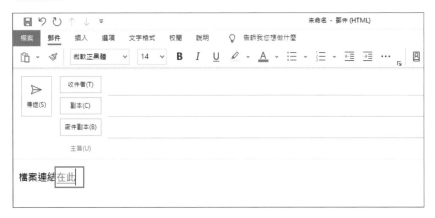

　　當初選取的文字變成了超連結，點擊滑鼠左鍵（或〔Ctrl〕+滑鼠左鍵）會開啟檔案或資料夾。開啟「插入超連結」視窗的〔Ctrl〕+〔K〕可以用「Link」的「K」來記。

8
SECTION

切換工作表、分頁或投影片

選擇左邊或右邊的分頁

　　當 Excel 活頁簿裡的工作表超過一個，或是瀏覽器同時開著好幾個分頁時，應該有不少人會用滑鼠點擊工作表的標題或分頁來切換吧！這個操作用鍵盤要按〔Ctrl〕＋〔PgDn〕或〔Ctrl〕＋〔PgUp〕；部分鍵盤請參考 P.34，同時按住〔Fn〕。以下將說明在 Excel 切換工作表的操作方法。圖 6-21 開著「Sheet 7」，按〔Ctrl〕＋〔PgDn〕會切換成右邊的「Sheet 6」。

圖 6-21 開著「Sheet 7」

(Ctrl) + (PgDn)

圖 6-22 移動到「Sheet 6」

再按一次會變成「Sheet 5」。如果在開著「Sheet 6」的狀態下按〔Ctrl〕＋〔PgUp〕，則會切換到左邊的「Sheet 7」。

瀏覽器的操作方法也一樣。圖 6-23 中三個分頁，分別是「Google」、「天氣－ Google 搜尋」和「Yahoo！」，在開著「Google」分頁時按〔Ctrl〕＋〔PgDn〕，畫面會變成右邊的「天氣－ Google 搜尋」。

圖 6-23 開著最左邊的分頁

（Ctrl）＋（PgDn）

圖 6-24 移動到右邊的分頁

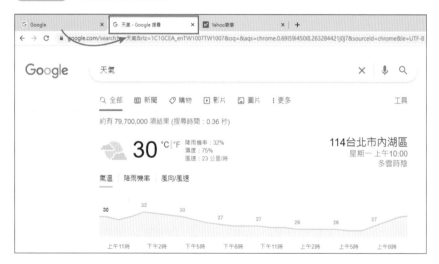

切換成左側分頁的快速鍵也和 Excel 一樣是〔Ctrl〕＋〔PgUp〕。

這兩種快速鍵也可以用在 PowerPoint，在選取編輯區域的狀態下按〔Ctrl〕＋〔PgDn〕會移動到下一張投影片。

圖 6-25 選取第一張投影片

（Ctrl）＋（PgDn）

圖 6-26 移動到第二張投影片

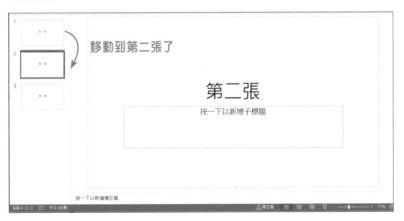

　　想回到上一張投影片請按（Ctrl）＋（PgUp）。當選取框停在左邊的縮圖顯示區時，這些快速鍵會無法使用，要是按了按鍵卻沒有反應，請先用（F6）啟動右邊的編輯區之後再按（Ctrl）＋（PgDn）或（Ctrl）＋（PgUp）。

展開選單

顯示執行紀錄也是用它

下鍵

alt + **∨**

到過的網頁、啟動過的程式、開過的檔案，或Excel篩選功能裡的篩選條件，有一種快速鍵可以展開這些清單（選單），那就是〔Alt〕＋〔↓〕。

在說明用〔Windows〕＋〔R〕開啟「執行」視窗的章節有提到，執行過的內容會留下紀錄，之後可以從「開啟」欄的紀錄直接選取（P.123），而展開這些紀錄的快速鍵正是〔Alt〕＋〔↓〕。

按〔Windows〕＋〔R〕會出現「執行」視窗，游標則停在「開啟」的欄位，這時直接按〔Alt〕＋〔↓〕會顯示至目前為止的執行紀錄，可以用上下鍵選擇想要的檔案或路徑，按〔Enter〕執行。

〔Windows〕＋〔R〕

⬇

圖 6-27 游標停在「執行」視窗的「開啟」欄

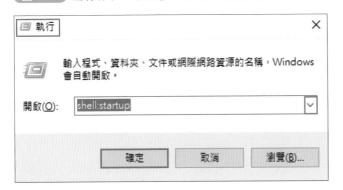

⬇

〔Alt〕＋〔↓〕

⬇

圖 6-28 「開啟」欄會顯示過去的紀錄

同樣的操作還有在選取瀏覽器的網址欄後按〔Alt〕＋〔↓〕，這裡會顯示曾經造訪過的網站或網頁，但並不是最近的紀錄，而是頻繁瀏覽的網站，或在當前網站曾經瀏覽過的網頁。

至於 Excel 篩選功能的部分，在旁邊有「▼」的儲存格按〔Alt〕＋〔↓〕會打開篩選條件的選單，可以用上下鍵選擇，按〔空白鍵〕打勾或取消選取（輸入法須為半形模式）。

圖 6-29 在 **Excel** 選擇有設定篩選功能的儲存格

〔Alt〕＋〔↓〕

圖 6-30 開啟篩選條件選單

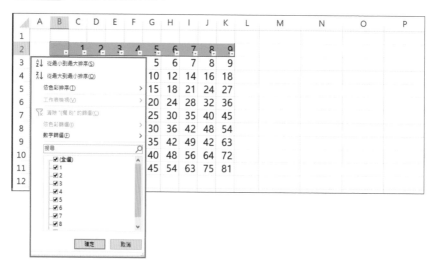

除此之外，這個快速鍵在 Excel 還有另一種用法。在內含文字的儲存格正下方那格按〔Alt〕+〔↓〕，同一欄其他儲存格的文字會出現在選單裡，只要用上下鍵選擇再按〔Enter〕即可完成輸入。

圖 6-31 選擇有文字的儲存格的下一格

	A	B	C	D	E	F	G	H	I
1	米色	V領							
2		U領							
3		圓領							
4	黑色								
5									
6									
7									
8									
9									
10									

⬇

〔Alt〕+〔↓〕

⬇

圖 6-32 同一欄其他儲存格的文字會出現在選單裡

	A	B	C	D	E	F	G	H	I
1	米色	V領							
2		U領							
3		圓領							
4	黑色								
5		U領							
6		V領							
		圓領							
7									
8									
9									
10									

如何把游標移到通知區域？

選擇 WiFi 或喇叭的圖示

　　〔開始〕按鈕和啟動中的程式所在的帶狀區域稱為「工作列」，而在〔開始〕按鈕的另一頭，有一個叫「通知區域」的地方，內含日期以及 WiFi、喇叭等圖示。更改 WiFi 連線必須選擇這裡的圖示。讓選取框移動到通知區域的快速鍵是〔Windows〕＋〔B〕，按下它可以依序選擇裡面的圖示。

　　舉例來說，想更改 WiFi 連線時，請按〔Windows〕＋〔B〕移動到通知區域，用左右方向鍵選擇 WiFi 的圖示。

〔Windows〕+〔B〕

⬇

圖 6-33 移動到通知區域

⬇

〔→〕

⬇

圖 6-34 用方向鍵選擇 WiFi 的圖示

⬇

〔Enter〕

選好後按〔Enter〕會出現 WiFi 的畫面，請用上下鍵選擇連線。

圖 6-35　用方向鍵選擇連線

圖 6-36　選擇〔連線〕按〔Enter〕
即可連上 WiFi

按下〔Enter〕會出現像圖6-35的連線畫面，多按幾次〔Tab〕移動到〔連線〕後按〔Enter〕。

如果需要密碼，請在接著出現的欄位輸入密碼後再按〔Enter〕。

國家圖書館出版品預行編目資料

滑鼠掰!Office 365 快鍵工作術 / 森新著；歐兆苓譯
. -- 臺北市：三采文化股份有限公司，2022.12
　面；　　公分 . -- (iLead；6)
ISBN 978-957-658-954-6(平裝)

1.CST: 套裝軟體

312.49　　　　　　　　　　111015653

◎鍵盤圖片來源：
MyPro / Shutterstock.com

suncolor
三采文化集團

iLead 06

滑鼠掰！Office365 快鍵工作術

年省 120 小時的 50 個技巧，績效翻倍 × 時間管理 × 遠端工作 × 活用快速鍵

作者｜森新　　譯者｜歐兆苓

編輯一部 總編輯｜郭玫禎　　主編｜鄭雅芳　　編輯選書｜李婕婷
美術主編｜藍秀婷　　封面設計｜李蕙雲　　內頁排版｜曾瓊慧

發行人｜張輝明　　總編輯長｜曾雅青　　發行所｜三采文化股份有限公司
地址｜台北市內湖區瑞光路 513 巷 33 號 8 樓
傳訊｜TEL:8797-1234　FAX:8797-1688　　網址｜www.suncolor.com.tw
郵政劃撥｜帳號：14319060　戶名：三采文化股份有限公司
本版發行｜2022 年 12 月 16 日　定價｜NT$400

DATSU-MOUSE SAISOKU SHIGOTOJUTSU
by Arata Mori
Copyright © 2020 Arata Mori
Complex Chinese Character translation copyright ©2022 by Sun Color Culture Co., Ltd.
All rights reserved.
Original Japanese language edition published by Diamond, Inc.
Complex Chinese Character translation rights arranged with Diamond, Inc.
through Haii AS International Co., Ltd.